You Are Now Less Dumb

熵减心理学

需要警惕的17个思维偏差

[美] 大卫 · 麦克雷尼
(David McRaney) 著

How to Conquer Mob Mentality,
How to Buy Happiness,
and All the Other Ways to
Outsmart Yourself

中国青年出版社
CHINA YOUTH PRESS
中青文传媒

图书在版编目（CIP）数据

熵减心理学：需要警惕的17个思维偏差 /（美）大卫·麦克雷尼著；刘夏青译.
—北京：中国青年出版社，2021.8
书名原文：You are Now Less Dumb: How to Conquer Mob Mentality, How to Buy Happiness, and All the Other Ways to Outsmart Yourself
ISBN 978-7-5153-6439-1
Ⅰ.①熵… Ⅱ.①大… ②刘… Ⅲ.①认知心理学—通俗读物 Ⅳ.①B842.1-49
中国版本图书馆CIP数据核字（2021）第115956号

熵减心理学：需要警惕的17个思维偏差

作　　者：〔美〕大卫·麦克雷尼
译　　者：刘夏青
策划编辑：刘　吉
责任编辑：肖　佳
美术编辑：张　艳
出　　版：中国青年出版社
发　　行：北京中青文文化传媒有限公司
电　　话：010-65511270 / 65516873
公司网址：www.cyb.com.cn
购书网址：zqwts.tmall.com
印　　刷：河北华商印刷有限公司
版　　次：2021年8月第1版
印　　次：2021年8月第1次印刷
开　　本：787 × 1092　1/16
字　　数：150千字
印　　张：14.5
京权图字：01-2020-2524
书　　号：ISBN 978-7-5153-6439-1
定　　价：69.90元

目录

前言

误解 | 你是一个具有逻辑思维和理性的人。

真相 | 你虽然是一个具有逻辑思维和理性的人，但是有一点可以预见：你表现得往往不尽如人意。

这是一本关于自欺的书，也是为自欺正名的一本书。你应该知道，自欺和手指以及脚趾一样，都是人类的构成部分，而这正是我在这本书中要跟大家探讨的内容。当然，自欺可不是什么指骨，也不是什么趾骨。

你认为自己聪明、能干、理性，因为人类不但发明了微积分，还发明了姜饼饼干。如果你生来就不甘平庸，那么经过多年的积累和努力，你的自信心应该已然爆棚。这是一种所有人类都具备的人性弱点，并且它有多种表现形式，而我正是因此才将你看作是普通人类的一员。如果你是一条超智能的狗，或者是来自于外星种族，亦或者是来自未来的机器人历史学家，请接受我的道歉，并直接跳转到本书第一章开始阅读即可。如果你不属于上述情况，那请随着我继续开启你的顿悟历程吧。

人类的思维显然比其他任何动物的思维都更广，更强大，这是人类历史上无法忽略的事实。你可能在最近一次参观动物园或看到一只狗与它自己的后腿展开殊死搏斗时能够深刻体会到这一点。人类这一种群可能是进化过程中的绝对顶点，甚至可能是宇宙发展过程中的制高点和优秀的终极成果。这着实是一个令人愉快的想法。甚至在我们发明旱冰鞋以及萨尔瓦多·达利（著名的西班牙超现实主义画家）出生之前，伟大的思想家们就喜欢沉湎于这种信念。当然，一旦你有了这种想法，你就会出其不意地给你的老板发一封电子邮件，告诉他你打算改行去做直肠科医生，或者你将会阅读到一篇关于热狗披萨如何成为美国最受欢迎的食物的新闻报道。无论何时，每当你观察人类的处境，了解了一些能够让你欢喜雀跃的事情时，你的谬见就会进一步得到证实。

事实是，人类大脑产生的思维是有严重缺陷的。有些事情你就是不擅长，而且永远也不会擅长。让你哑口无言的证据比比皆是。每个市场上都有成千上万的发明和应用在售，计算器、记事本、待办事项清单、支票簿、闹钟等等，而这些都是用来弥补你的这一缺陷的。并且所有专业领域的存在，无一不是为了弥补你能力不济的鸿沟。

我们关于自欺的科学研究的讨论最好以“先入之见”这一概念开始，那就让我们以一个简短的故事开篇。这个故事是关于达特茅斯学院和普林斯顿大学的第三十一次足球比赛对决。这一比赛可以帮助我们开启探索人类思维的旅程，之后大家会对人类思维有一个深入的了解。

达特茅斯学院和普林斯顿大学均成立于18世纪中期，都是美国东北部常春藤盟校的成员。想必大家都听说过其他六所常春藤盟校，分别是布朗大学、哥伦比亚大学、康奈尔大学、哈佛大学、宾夕法尼亚大学和耶鲁大学。对大多数人来说，常春藤联盟是“精英人士”的代名词。这些学校的名字是简历上最受欢迎的亮点字眼之一。然而令人意想不到的是，“常青藤联盟”一词最初是体育记者用来方便称呼美国新英格兰地区八所学校而创立的，而这些学校往往在田径领域展开竞争，当然在其他领域也有竞争。

1951年，达特茅斯学院和普林斯顿大学在这两所学校举办的最后一场足球比赛中战平。在此之前，每次都是普林斯顿大学胜出。也是在这一年，普林斯顿的明星球员迪克·卡兹麦尔还登上了时代周刊的封面，并将成为最后一个获得“海斯曼杯”的常春藤联盟球员。因此，这场比赛对两支球队来说都至关重要。在第二节比赛中，一名达特茅斯球员打断了卡兹麦尔的鼻子，这使得普林斯顿队开始抓狂。在接下来的一节比赛中，普林斯顿的一名球员撞断了一名达特茅斯球员的腿。整场比赛充斥着野蛮，因此双方都获得了许多点球机会，最终普林斯顿以13比0的最终比分获胜。

达特茅斯学院的心理学家阿尔伯特·哈斯托夫和普林斯顿大学的心理学家哈德利·坎特里尔注意到，在赛后不久，每所学校的大学报纸都开始刊登一些故事，这些故事实则是关于真相的两个不同版本之间的公开竞争，看哪个版本能够成为最终的官方版本。一年后，两位心理学家发表了一项研究结果，这被后人称为是探讨自欺的最佳起点。

哈斯托夫和坎特里尔注意到，普林斯顿大学的报纸和校友时事通讯上刊登的关于这场比赛的报道把达特茅斯队描绘成了一群肮脏的恶霸。与此同时，达特茅斯学院的报纸也发表社论，为球队的伤病辩解，同时也指出了普林斯顿战术的可怕之处。研究人员称，双方对于比赛的回忆是不同的。科学家们提出了这样的问题：如果这些学生能再观看一遍比赛呢？当然，他们对比赛的记忆仍然会有所不同，但如果我们给他们放映一段比赛的录像呢？这与他们看现场比赛的看法是否会有所不同呢？为了回答这个问题，科学家们拿到了整场比赛的录像，放给两所学校的本科生观看，并让这些学生查看比赛过程中的违规行为，同时标记出每次违规行为的严重程度。学生们最后还填写了一份调查问卷。

结果如何呢？普林斯顿大学的学生们看完录像后认为他们观看的是一场暴力的、不文明的比赛，而达特茅斯队就是罪魁祸首。90%的受访者认为达特茅斯学院的做法有违体育道德。他们还报告说，达特茅斯学院违规行为的数量是普林斯顿大学的两倍，而且他们还发现自己学校球队的违规行为要比对手的违规温和得多。然而，达特茅斯学院的学生们看到的情景却大相径庭。他们并不认为这场比赛的野蛮有失妥当，他们认为这场比赛的“粗暴和公平”是无可非议的。大多数达特茅斯的研究对象都表示，这两支球队都应该为这场攻击性极强的比赛负责，且认为普林斯顿大学的学生只是因为他们的超级明星受伤而气恼。哇哦，结果如此不同！他们记录了违规次数大致相同，但总体来说，达特茅斯学生记录的自己队的违规次数是普林斯顿学生为之记录的一半。

科学家们解释说，尽管所有人看的是同一个录像，但每个人所看到的比赛却不同。每个人都经历了不同的现实，所以他们对真相的描述，都在某种程度上掺杂了个人忠诚的成分。普林斯顿大学与达特茅斯学院给我们带来的最大的启发是微小和任意的变化可以改变一切。观看这部录像的学生们，无论他们是否观看过现场比赛，都经历了两种不同版本的现实体现，尽管从理论层面上来讲，他们看起来都是几乎一模一样的人。在20世纪50年代，作为相距300英里、只招收男性的常青藤盟校的学生，他们在种族和社会经济地位方面是一样的。作为本科生，他们的年龄都差不多。作为美国东北部的公民，他们有着相似的文化和宗教信仰。他们之间唯一的区别是他们选择上的是哪所学校。这项研究表明，如果你能让时光倒流，让这些学生注册不同的学校，改变他们入学的学校名称，他们所经历的现实也会随之发生变化。

这就是“先入之见”引领你进入“朴素实在论”的所在——这是一个很久以前被科学谋杀、烧毁和埋葬的古老的哲学概念。朴素实在论提出了这样一个问题：我是否看到了世界的本来面目？根据朴素实在论的观点，答案是肯定的。最近，在人类历史的长河中，这种“所见即所得”的心智理论已经有了大批拥护者。所以，如果普林斯顿——达特茅斯的例子尚无法说服你，那就让我们先暂且将其搁置一边，继续前行。

作为一个现代人，你应该知道影片是单张图片以比你大脑处理快得多的速度切换所形成的。当你看一朵花的时候，你应该知道你眼中的花和蝴蝶看到的花是不一样的。如果把你的眼睛换作昆虫的眼睛，花的世界就会变成一场疯狂的迷幻爆炸。半夜的起居室让你无法辨别方向，但对于一只猫来说是一个完全可见的游乐场，如果你曾经在你的猫朋友附近用激光笔照出去，那么你就可以知道小猫的脑袋里正在想什么，而这些情景却不能呈现在你的脑袋中。你知道这个世界不是它看上去的那样，它所需要的只是一个巨大的视觉错觉来证明它。朴素实在论是“幼稚的”。星星总是在天空中，但阳光透过大气层，使它们在白天很难被看到。如果你把一块石头扔进池塘，溅起的水花会让青蛙和狐狸的头转向，它们看到的事物和你看到的事物是不一样的。每种生物对现实的描述都是其神经系统所特有的表征。青蛙、狐狸和人都经历着同样的真实事物，但对不同的内在表现却有着不同的反应。你的感知不是唯一的感知，如果信息输入可以被愚弄，那么图像就是不可信的。

好吧，这是一个简单的概念，你可能以前也考虑过，但是正如橄榄球比赛研究成果所呈现显示的那样，朴素实在论还存在着其它让人难以接受的体现形式。它存在于地球上几乎每个人的头脑中，就像大多数人一样，你不会对此表示质疑。

看向别处，迅速环顾四周，然后再回到书本上来。你在脑海中看到的事物并不是由那些物体产生的。你所看到的并不是光反射到你的眼睛里成像那么简单。你所看到的、回忆的和情感上的感受百分之百是由你大脑中的化学反应产生的，这意味着当你从外部和内部的输入中构建现实时，这些东西很容易受到影响，会不断地被编辑、修正，也会受到各种各样的能够添加到你的意识中的其它因素的干扰。借用心理学家丹尼尔·吉尔伯特的话来说，记忆、感知和想象都是表象，而不是复制品。

越是经过深思熟虑的记忆越不准确，不假思索的记忆才最为准确。总之，这两个事实使得目击者的证词基本上变得毫无价值。这和我们大多数人的常识是相悖的。心理学家丹·西蒙斯和克里斯托弗·沙布里斯在2011年发表的一项研究中显示，63%的美国受访者认为记忆像摄像机一样工作，有48%的人认为记忆是永久的。另有37%的人表示，目击者的证词足够可靠，并且是证明某人有罪的唯一必要证据。对于心理学家或神经学家来说，这些都是令人震惊的结论，因为这些事情都不是真实的。

你不会记录下你看到的每一件事，也不会注意到进入你脑海的所有事物。唯一能通过耳朵和眼睛的事情就是能够引起你关注的事情。记忆不是录像。在你的初吻结束的那一刻，对它的记忆就已经开始衰退。每次你回想起那件事情时，它都会以一种全新的方式在你的脑海中呈现，所呈现的方式是受你目前的状况、你从中获得的所有智慧以及你添加的错误细节的影响。

心理学现在已经知道你是根据内部的心理模型和记忆做出预测和决策的，你假设这些模型和记忆是准确和完美的。随着时间的推移，越来越多的新研究清楚地表明，这些模型和记忆是有缺陷的、不完美的和扭曲的。因此，你的预测和决定同样是错误的。

你大大低估了你欺骗自己的难易程度和频率，以及你的感知是如何从内部被戏剧性地改变的。通过这本书，你会看到你并不是被动地接受现实。你是在积极地参与并创造你的个人世界。

过去一百多年的研究表明，你和其他人仍然相信朴素实在论。你仍然相信，虽然你的输入可能不是完美的，但一旦你开始思考和感觉，这些想法和感觉就是可靠的，并且是可预测的。我们现在明白了，你永远不可能知道一个“客观”的现实。我们也知道，你永远不可能知道有多少主观的现实是被你虚构的，因为你除了思想的输出，从来体验不到其他任何东西。发生在你身上的一切其实都是发生在你的头脑里的。即使你感觉到自己有一只手臂，这个感觉也是由大脑生成的。你看到你的手臂存在于身体外的空间里，这种感觉也是一种错觉。其实，你的胳膊存在于你的头脑中。每个大脑都会创造出关于真相的自己独有版本的大致相似，但又千差万别，而且在细节上存在瑕疵。

哈斯托夫和坎特里尔，就是前文提到的两位研究达特茅斯和普林斯顿学生的科学家，在他们的研究中说，当你认真研究它的时候，这场比赛甚至根本不存在。就像沙拉只是一堆切碎的蔬菜和叶子一样，有问题的比赛只是在两个秒表之间的一个空间里发生的事件。当然，人们在其他人面前表演动作，观看的人会注意到发生的一些事情，但比赛本身只是一个想法，一个社会建构。在1951年那一天发生的数十亿件事情中，两队的球迷都认为在一个地方发生的一系列事情很重要，并同意把那件事称为足球比赛。这种文化意义帮助观察者定义他们的经历。根据科学家们的说法，与生活中的大多数事情不同，体育提供了一个规则和边界的良好网格，一个划分的空间和分配的角色，从而产生日常行为。在体育运动中，由于这些参数，在分配的时间内发生的事情更容易达成一致。然而，人们总是各执一词，即使整个事件被拍摄下来，并能准确地回放，亦是如此。真实的东西不只是进入你的眼睛，而是在你的脑海里跳跃。当它发生时，你改变了你的现实。你在不知不觉中改变了自己的感知。

当你把这些知识应用到战争、政治、社会运动、经济以及其他所有对你生活有影响的领域时，其意义是巨大的，要知道在这些领域发生的事情不会在一个有既定规则的竞技场中发生，也不会被历史完美地记录下来。

你看，聪明是一种比你想象的更复杂，被误解的状态。大多数时候，你都不善于理解事物。如果这是你的工作，你早就该被解雇了。你认为你是一个理性的代理人，在做决定和选择之前，你已经对你的生活进行了深思熟虑，虽然你有时也会犹豫，但在大多数情况下，你会保持冷静，泰然处之，但事实并非如此。你总是受到非理性推理的影响。你对深思熟虑的假象执迷不悟。

你不善于向自己解释，你不知道自己在这方面的错误有多么深广。你的感觉恰恰相反。即使在你的局限性暴露之后，你仍然对自己的感知保持着一种不切实际的自信。在这个傲慢与缺陷的交叉点，自信与不完美的完美结合，这正是我们花费大篇幅在讨论的事情。这是在探索一些已经被科学验证和量化的最引人注目的自欺现象。这是应该写在人体操作指南里的东西——就像《科学》杂志最近增加的关于反式脂肪和麦麸视频的条目那样。

本书给出了一份目录，列出了一些科学研究所发现的人类的心智缺陷，以及大脑如何欺骗你，如何欺骗、编辑和改变现实，以及你如何一次又一次地陷入其中的示例。那么，我们将探索什么样的事物呢？

当然，当这些进入你大脑时，你往往不会意识到自己的情感、思想，以及行为和记忆的来源，而是纠结于困惑和害怕中。你拥有一个巨大的工具包，里面包含了这种技巧和技术，借由此你能够创设出一些场景，使生活更容易理解，然后你对这些场景深信不疑。年复一年，所有的东西混在一起，便成为你的人生故事。

其中一个工具是“直觉判断”。为了生存，你的祖先们需要快速思考，迅速行动。直觉判断能够使庞大的、复杂的、令人生畏的想法变得非常渺小，也变得更容易操作。简单的直觉判断向你展示的这个世界的方式就是让你在不必花费太多心思的情况下继续前进。当涉及到解决问题和做出决定时，你可以借用直觉判断使复杂的事情使之变得简单。例如，你可以使用情感直觉判断法，根据一个人、一个问题或一种情况是否会让你产生积极或消极的情绪来做出相应的决定。

那个竞选市长的家伙把你吓到了吗？那就不要投票给他。那个医生把她的办公室油漆成令人作呕的绿色了吗？我们不要再去她那里看病了。“直觉判断”还会应用在一些极为奇葩的场景中，比如当你考虑是否应该捐钱给那些制作关于被虐待和遗弃的猫狗广告的人时就可以使用。

当你在决定你是否要开出这张支持广告的支票时，你不会问这个组织是否合法，或者被虐待的动物有多大的机会重新安置，或者这个组织在资源分配方面是否有良好的记录。相反，你会问自己，被虐待动物的形象是否让你感到悲伤。这个问题的答案更容易帮助你做出决策，然后你自认为已经解决了这些复杂的问题。这种精神炼金术适用于你生活中的每一件事情，从你是否应该辞职到谁应该为总统投票，都可以应用。借用这种方式，一个复杂而令人困惑的问题会转化为直觉判断，而直觉判断往往是不可靠的。当你使用直觉判断时，你倾向于相信你一直在理性地思考你的存在，而实际上你只是走了一条捷径，并且走得义无反顾。

你精神生活中另一个巨大的绊脚石是一系列可预测的思维模式，这些思维模式被称为“认知偏见”。偏见是一种倾向，当各种思维方式差不多，甚至有更好的思维方式可以选择适，你还是倾向于使用一种思考方式。例如，如果你每次走进杂货店时都倾向于向右拐，而当你选择向左拐的时候也不见得会有什么不好的结果，你的行为就有向右拐的偏见。大多数人都有这样的偏见，大多数大型连锁店在设计陈列和布置内部装饰时都考虑到这一点。大多数认知偏见都是完全自然的、未经学习的。它们在每一个大脑正常的人身上都有所体现。所以，无论你是生于1902年还是2002年，出生在埃及还是阿拉巴马，你都有和其他人一样的认知偏见。科学家们推测，大多数偏见是适应性的。也就是说，在数百万年的时间里，当你不确定如何行动或感受时，它们就是可靠的退路。例如，你有后见之明偏见，这让你相信你对未来的预测通常是准确的，因为你错误地认为你能够预测出所有事件的结果。然而，事实是，你在预测方面表现得非常糟糕，但在改写记忆方面却非常在行，只是让它看起来好像你一直都是对的。你还会遭受“确认性偏见”的折磨，这种偏见会导致你去寻找迎合你自己世界观的信息，同时避免和忽视威胁性信息。随着时间的推移，这就产生了一个泡沫，在这个泡沫中，你的信念似乎有着大量的共识。

“直觉判断”让你思考和行动得更快，偏见影响着你的行为方式，使得你保持着灵长类动物特有的活泼和活跃。

然而在现代生活中，你的直觉和偏见总是受到挑战，这时你就会发现逻辑谬误。逻辑谬误出现在与自己和他人的争论中。你经常在最初脑海中就有了既定的结论，然后接下来你会努力证明最初就得出的结论并不愚蠢。这种有动机的推理通常依赖于扭曲逻辑，使事情在你的头脑中得以解决。例如，你可能会说热狗是一种令人作呕的人造食品，你无法相信你的表弟在给他的孩子们吃热狗，因为不应该强迫孩子吃那种恶心的食物。你犯了一个错误，因为你的假设是建立在你最初的声明之上的：热狗是恶心的。你什么都没有证明。你的论点并没有说明牛肉碎和肥肉包裹在可消化的肠衣里面有多恶心。你只是陈述了你的信念，然后又说明你的信念所形成了你的观点。

你可以通过这样的措辞来理清这个谬论：孩子们不应该被强迫吃我认为是恶心的食物。你总是对自己的逻辑感到困惑，最终扭曲语言，使外在的世界与你的先入之见保持一致。

逻辑谬误、模糊直觉判断和不正确的认知偏见，与一系列其他延缓你理解事物的奇怪事实交织在一起。你一次只能注意到非常少量的事情，但是你自己觉得你好像能注意到所有出现在你眼前的事物，听到所有靠近你耳朵的声音。无论你的注意力有多么集中，这些感觉本身是非常有限和不完美的。然后你利用通过这些感官进入你大脑的东西来构建一个内在的现实，它既把不真实的东西引入到你的意识中，又从现实中减去你不愿接受的东西。再加上复杂而庞大的情感和直觉系统，你就会发现你对现实的看法是多么的歪曲了。

这种摇摇欲坠的观点会被转化成不完整、不准确的记忆，每一次回忆都会使其退化。叙事的粘合剂——人类与生俱来的讲故事的技能——将所有被误导的大杂烩联系在了一起。你讲故事的能力能够让你保持清醒和稳定，即使这些故事可能与事实相差甚远。

不管你有多么不可靠，你也越来越轻信和偏执，或者你头脑中的图像与真实的自己并不匹配，但是大部分时间，你的表现还是说得过去的。然而，当政治家、首席执行官和其他有能力改变世界运行方式的人开始把他们支持或反对的论点搞砸时，这就成了一个真正的问题。在神经科学、心理学和经济学领域，大脑的主要缺陷已经被发现了大约有50年的时间了。这些领域和其他领域的工作仍在继续揭示着这些细微差别，但科学界在这一主题上所了解到的大部分知识仍处于学术范畴。你很幸运生活在这样一个时代，这个概念才刚刚开始进入人们日常对话中。

这就是我们的目标：找出你的不足之处，并加以弥补。我们将要讨论一些涉及大脑神经，文化影响，以及古老的行为惯例的东西。你的大脑是逐渐进化形成的，祖先生活的世界中的各种情形你可能永远也遇不到。不过，为了以防万一，你还是会表现得太过谨慎。如果有人在你打盹的时候向你扔出一根绳子，或者在你试图憋住尿的时候，你惊慌失措、大声尖叫、四处乱扔似乎也没有什么坏处。事实上，如果一条毒蛇落在你身上，这样的反应将是一个极好的行为。如果每次有蛇掉落下来把你吵醒时，你只是打个哈欠，然后冷静地把它推到一边，那可能会付出非常高的代价。在数百万年的时间里，那些没有被蛇形物体吓得抓狂的生物并没有像被吓到的生物那样得以繁衍后代。所以，到现在，你对蛇形物体有着同样的恐惧，也对爬虫、高地、黑暗场所及陌生人等保留着恐惧感。相对于家里的家具，你更害怕恐怖分子，尽管每年有更多人因为掉落的沙发和家具等而丧命。当你考虑到塑造你思维的世界是你最能掌控的世界时，汽车引擎、减肥和蛋黄酥等东西对你来说是非常难以理解的，更不用说腹腔镜医学和量子物理学了。

这不是一本关于变态心理学的书。这本书讲述的是正常的心理状态，一种你可以在火箭科学家、国家元首和职场女士身上找到的、普遍的、默认的、深入到每个人大脑中的思维方式。你相信眼见为实，你的思想总是建立在合理的直觉和理性分析的基础之上，尽管你可能会时不时地犹豫和犯错，但在很大程度上，你是地球上最复杂神经系统的一个专注的智能操作员。你相信你的能力是健全的，你的记忆是完美的，你的思想是理性的，你自己是有完全有意识的，你生活的故事是真实的、准确的，你的个性是稳定的、一流的。事实是你的大脑欺骗了你。在你的脑袋里有一个巨大而深远的个人阴谋，它阻止你发现你的真实身份，你的能力，以及你应该具备的自信心。这种不应有的自信改变了你的行为，创造了一个巨大的、容易打开的后门，正是通过这扇门，华尔兹骗子、魔术师、公关员工、广告主管、伪科学家、魔法护身符的小贩等鱼贯而入。当你站在那些看穿你的行为并知道如何让你轻易上当的人的角度，你便可以更加了解你自己。通过专注自身缺点，你可以学到很多东西，并从中受益。

多亏了新的心理学方法，现在科学开始能够描绘出一个人的缺点和不足。这本书对迄今为止发现的一些最有趣的错觉进行了整合。我希望当你读到这些错觉时，你会有和我第一次读到它们时那样的顿悟。这是一场旨在帮助你与人类社会建立更紧密联系的微小的但极具震撼力的运动。我们是在一起的，这些都是我们共同的精神绊脚石。利用你在这里学到的东西，可以对别人更加友善，对自己更加诚实。你不是那么聪明，但是有一些具体的、反直觉的、有趣的方法可以让你变得不那么笨。

那就让我们开始吧。

1. 叙述偏见

误解 | 你通过理性思考来理解生活。

真相 | 你通过叙述来理解生活的意义。

地球上比较简单的生物，如蠕虫、变形虫和生活在水滴里的原生动物，它们的生存法则非常简单。基本上，它们会奔向能够滋养它们的事物，规避对它们产生伤害的事物。它们的现实范围狭窄而简单。它们不会为未来担忧，也不会对过去夸夸其谈；它们甚至可能根本没有时间概念。它们的这种系统非常有用，这让它们在没有书籍、没有神话、没有历史的年代里存活了几十亿年。它们的神经系统是如此简单，以至于它们的大脑（如果能称其为大脑的话），除了以下两种能力，无须具备其他能力：一种是感知事物的能力，但这种感知事物的能力通常都很差；另一种是朝着正确的方向移动，避开障碍的能力。

你的神经系统会复杂一些，因此你的能力不只是刺激和反应。蛔虫大约有300条神经，一只猫大约有10亿条神经，而你大约有850亿条神经。把这些神经元连接在一起，让它们在多个层次上进行运作，你就能比一般的小猫更好地驾驭宇宙中难以理解的复杂的混沌世界。当然，你仍然继承了那些古老的“刺激—反应”的常规习惯，它们是从很久以前遗传下来的——生日蛋糕和灰熊，在正常人的大脑中植入了两种截然不同的反应——但是你有太多的东西可供选择，远远不只是趋利避害。为了匹配你复杂的意识经验，无意识的意识加工，以及应对不断轰击你感官的混乱和头脑中的各种嘈杂，你渐渐形成了一种能力：把一切东西都联系起来，造就一种更简单但不精确的东西，这些东西内容更丰富、更有趣，且可以在大多数场景下应用。你的大脑里有一团非常复杂、功能强大得惊人的神经组织，所以你在寻找其他动物不曾寻求的东西：意义。你清醒的精神生活的日常现实是有意义的，因为你把事件变成故事，故事变成记忆，记忆又变成你生活故事中的章节。当你和其他人聚集在一起时，他们会用同样的故事形式告诉你他们的现实，并且故事越好，你越有可能接受他们的解释。

笑话、电影、漫画书、职业摔跤、电视节目和新闻节目——它们都以叙述的形式对事实和现实进行戏剧化的解释，这与我们在汽车里安装椅子的道理是一样的。人体的形态非常适合座椅。形态造就了形式，这种表现形式就是臀部所在的地方。婴儿喜欢听从前到后的顺序演奏的古典音乐，不喜欢逆序演奏的。这促使维瓦尔第以第一种方式而不是后一种方式进行作曲。同样，婴儿们第一次聆听到按照从前往后的顺序演奏的维瓦尔第的音乐时感到愉悦，而拒绝听逆序演奏。艺术是对那些符号所代表的事物的追求，而这些符号是不存在的。你所认为的美丽或丑陋，是沿着古老的、既定的、通向微笑和蹙眉的路径，进入到你的头脑中的。虽然这些感觉经过了文化观念、社会规范等因素的洗礼，随着时间的改变会发生改变，但是你所追寻或规避的事情，追其根源都始于原始动机，你的那些下意识的反应会表明是积极的还是消极的。你的大脑以故事的形式来理解它的输入和记忆，因此无论信息在哪里呈现，这种形式都会出现。你的思想形成了这种形式。无论在何处，只要信息在大脑间传递，都会以此种形式进行。

这就是你的叙述偏见——当你有选择的时候，你更喜欢用叙述的方式来传达和接收信息。你更喜欢故事的结构，你已经明白这是讲好故事的基础。这个故事由三幕到五幕组成，在开幕时，故事的主角被迫面对逆境，要有一个转折点，主角打算在一个陌生的世界中冒险，于是开始了一段旅程，主角在其中不断成长，这使他终于战胜了千难万险。根据神话学家约瑟夫·坎贝尔的说法，除了悲剧，几乎所有的故事都是这样撰写的。还有一些警世故事，主人公还没有成长，却因为做出了愚蠢的选择，屈服于软弱，结果败北。这两种版本的故事，你都会喜欢，因为你也是使用这种办法来了解生活的意义。你用这种方式，简化了一系列的问题，例如：你是谁，你为什么在这里，你完成了什么，你要去哪里。相比于书籍、电影、游戏、讲座等每一种传递信息的形式，用讲故事的方式表达出来，会显得更好。

一个令人难以置信的叙述只要被装进故事的框架内，就变得看似可信了。以下两句表述，哪种听起来像是真的呢？（1）一个赤身的和尚对着一群孩子大吼大叫，因为他发脾气了。（2）一个赤身的和尚对着一群孩子大吼大叫，因为他得知自己的村庄在一次政治起义中被夷为平地。第二句话是不是比第一句话更容易理解？想象一个平和的僧人为何会做出如此轻率的事情，似乎有些疯狂。但是，当你了解了整个故事后，就可能相信这件事情的真实性了。让你相信的原因并不是你有了更多的信息，而是因为你把这些已知的信息串成一个故事。只要能以令人愉快的方式解决问题，你通常会毫不怀疑地继续前进。请思考如下两句话：（1）伊丽莎白在试穿新文胸时勃然大怒。（2）伊丽莎白在试穿新文胸时被一个愤怒的吉普赛人骂了一顿，因为她在去更衣室的路上不小心用购物车轧到了吉普赛人的脚。尽管第二种解释似乎更有可能，那个吉普赛人诅咒的东西可能对你不起作用，但对一些人来说，这却是一个很好的解释。这可以用“合取谬误”来解释。当你面对大量的信息时，你的叙述偏见就会加强。你得到的信息越多，你就越倾向于相信这个说法。

“合取谬误”的经典例子出自心理学家丹尼尔·卡尼曼和阿莫斯·特沃斯基的著作。他们是研究认知偏差的先驱，他们于1982年提出了一个难题，我在此用一个故事的形式展示出来：琳达在旧金山长大，她在其他女孩玩洋娃娃的年纪，就开始阅读哲学书了。她是那种不听话就会跺脚、哼哼唧唧的孩子，她的父母花了很大力气才教会她不要顶嘴。她提前一年从高中毕业，被哈佛大学录取，并获得了哲学学位。在进入职场之前，琳达曾在和平队工作过一段时间，帮助非洲大陆的刚果及周边地区的妇女获得医疗保健。她未婚，没有子女，现在回到美国攻读政治学博士学位。以下哪一种叙述的可能性更大一些？（1）琳达在银行工作。（2）琳达在银行工作，同时也在撰写女权主义的博客。这个问题也许会让你出乎意料，但答案是：琳达更有可能只是在银行工作。所有这些额外的信息构成了琳达的个性，使得很多人以为她是一个女权主义者，但这并不改变原始统计数据，即在数不胜数的个性中，一个人更有可能只具备一种个性，而不是两种个性。如果我问：“琳达是女权主义者还是纳斯卡（NASCAR，全美汽车比赛协会）赛车手？”你根据已知信息，琳达更喜欢研究平等，而不是齿轮传动比。但我问的并不是这个。简言之，世界上在银行工作的人比在银行工作并为女权主义博客撰稿的人多得多。事实上，与单一个性相比，可能性越大，它们便越不可能和其他个性结合。几乎不可能出现的情况是：琳达在银行工作，撰写女权主义博客，投票支持民主党，住在加州，向世界野生动物基金会捐款，同时又喜欢托里·阿莫斯（Tori Amos）。当你回顾琳达的故事时，这些事实中任何一个是正确的概率都很高，但是其中任何两个事实同时出现在一个人身上，可能性就小得多了。如果其中任何三个事实同时出现在一个人身上，那么可能性就更小了，以此类推。但事实似乎并非如此，不是吗？这就是你的"叙述偏见"在作怪，又得到了"合取谬误"和"代表性法则"的支持，换句话说，你倾向于忽略概率，根据一个事例与想象中的原型的相似程度来判断它的真实性。

为了让你保持活力和成长力，大脑做了很多事情，其中之一就是让你产生这样一种感觉：有些原因会导致你所看到和感觉到的结果，而因为结果出现在原因之后，有些原因是能被追溯并强调出来的。你相信在嘈杂的生活中有信号，混乱的时间轴中存在一种模式，有一些可以预测的规则，根据这些规则和模式就可以操纵现实社会。结果你会惊讶地发现，这些假设中绝大多数都是错误的。

多年来，美国空军一直使用一种名为霍洛曼离心机的巨型装置来训练飞行员。离心机基本上是一个仿造的座舱，连接在一个巨大的金属轴上，轴中央装有一个强大无比的发动机。中心的转子转动，带动金属轴，驱动座舱不停旋转，飞行员只需坐在座舱里。想象一根绳子绑在一块石头上，再想象用套索绕着石头旋转，然后想象你就在石头里面。这样做，飞行员可以感受到重力的作用。一架高性能的喷气式战斗机向上拉离地面或以疯狂的速度旋转会给飞行员身体施加重力。这就如当你朝一个方向加速时，你会感受到牛顿定律下的另一个方向的拉力。例如，当你在车里加速时，你的头被迫向后仰。在喷气式飞机上，这种力量要大得多，你的动脉中的血液无法到达你的大脑。这种效果就像掐住了喉咙，飞行员经常昏倒或变成意识模糊的行尸。不管怎样，正如人们常常所说的，过大的重力会造成灾难。

空军和美国国家航空航天局（NASA）等机构使用离心机在受控环境中产生巨

大的重力。通过这种方式，他们教授飞行员学会如何在大脑中保存血液的技术。这种技术会造成大量的抱怨和紧张情绪，否则，如果他们不是战斗机飞行员，换作别人那就令人慌乱了。在某一时刻，飞行员就会失去知觉。他们在这种时候，常常报告说产生了幻觉和日常幻想，如同做梦一般。空军医生詹姆斯·惠尼利（James Whinnery）在过去30年里研究了数百例昏厥现象，并把它们录下来，然后比较它们的细微差别，采访飞行员，并记录下他们的报告。随着时间的推移，他发现了与那些在手术台上失去意识的病人、在车祸中失去知觉的病人以及从其他窒息状态中恢复过来的病人所报告的情况有着惊人的相似之处。隧道，白光，以及前来迎接你的朋友和家人，记忆在周围快速移动——飞行员体验到了这一切。此外，离心机还能很好地创造出体外体验。飞行员会觉得飘在自己的上方，或在自己周围盘旋，看着他们自己在摇头晃脑。正如惠尼利和其他研究人员推测的那样，濒死和体外体验实际上都是大脑主人的主观体验，因为他的大脑在竭力弄清楚正在发生的事情，并在缺氧导致的系统失控中调整自己，找到方向。大脑没有能力划定自身的边界，经常把意识放在脑外，放在田野里，在湖里游泳，或与恶龙搏斗——由于大脑的围墙崩塌了，大脑便会把意识放在其能连接到的地方。缺氧的飞行员所没有体验到的是混乱的随机图像和想法。即使大脑正在濒临死亡，但也不会停止产生叙述，这些叙述是编织因果、记忆和经验、感觉和认知的脚手架。叙述对生存是如此重要，它是你成为一副皮囊之前最后放弃的东西。叙述是意识经验的框架。没有它，世上就只剩下了噪声。更妙的是，在飞行员恢复意识后，他们会像急诊室里那些死而复生的病人一样来解释过程。在经历了长时间缺氧的迷幻经历之后，许多人把那道光和隧道视为通往来世的通道。每个故事各不相同，这取决于人们不同的信仰体系，但是总有一个故事。

最令人困惑的一点是，当飞行员恢复了意识后，他们就彻底清醒了。他们的大脑恢复了正常，他们重新聚合成了以前的自己。神经科学尚未弄清楚一个问题，那就是你每天早上醒来的时候是如何重新聚合形成自我意识的。但是你的叙述，一定与你的自我意识有很大关系。神经学家奥利弗·萨克斯（Oliver Sacks）在其作品《因一顶帽子而误解妻子的人》（*The Man Who Mistook His Wife for a Hat*）中，描述了他的脑损伤患者的疯狂虚构的表现，指出他们似乎受到某种东西的驱动，极力用虚构替代正在不断被遗忘和迷失的东西，因为对于我们每个人来说，叙述就是一个传记，一个故事。根据萨克斯的说法，要做你自己，你就必须觉得你拥有自己。你一旦发现你的故事与你自身不符，就会收集你内心的戏剧，因为你的身份取决于你的感觉，就好像你已经牢牢抓住了你的故事一样。这就是为什么要研究那些叙述与周围人所看到的相去甚远的人，因为这样会带来启发。让我们先回顾一下脑科学领域早期时代的成果。

1870年，朱尔斯·科塔尔（Jules Cotard）在成为一名军医后，加入了一家诊所，他掌握了当时最新的外科知识。科塔尔和诊所里的其他人一起医治那些被某讲师称为“疯病全症状”的患者。科塔尔是神经科学的先驱之一，主要研究行为与大脑特定区域之间的联系。随着事业的发展，他对表现出失语症或语言障碍的患者产生了特别兴趣。他会常常跟踪那些患者，从死亡跟进到尸体解剖，以探索他们的病因，并鼓励其他医生也这样做。1880年，科塔尔向世界介绍了一种新发现的疾病。他把它称为“否定妄想”。

他在巴黎告诉一名听众：当一个人大脑的某个部位受伤时，这个人可能会坚信他已经死了，再多的理由或花言巧语也无法使他摆脱幻想。此外，这种症状不仅仅是心理上的，它是源于大脑的一种生理问题。也就是说，这是一种精神状态，如果你的头部受到足够强大的打击，你也会产生同样的幻觉。

在医学文献中，大约有100份报告，均描述了所说的“科塔尔综合征”。令人不安的是，它有时也被称为“行尸走肉综合征”。如果你患上了“科塔尔综合征”，你可能会在照镜子时发现自己的倒影很可疑，或者你可能不再觉得自己的心跳是自己的，或者你可能会认为自己身体的某些部分正在腐烂。在最极端的情况下，你可能会认为自己变成了鬼，并坚称自己不再需要食物。科塔尔的一名患者就是被活活饿死的。

“科塔尔综合征”以及它所产生的妄想是一组综合征的一部分，这些症状都有一个共同的中心主题：丧失了与他人情感联系的能力。你的头脑中可能出现了大问题，以至于你的大脑再也不能感觉到陌生人和爱人之间的区别。你不再为你的狗，你的母亲，或者你自己的声音而心动不已。如果你看到一个你爱的人却感觉不到爱，你会慌乱地去弄清楚情况。没有情感，所爱的人会变成冒名顶替者、机器人或幽灵。如果你与自己形象的联系被切断了，你就有理由认为自己是一个幻觉。面对这种可怕的感觉，你会想出一个办法来解决它。

“科塔尔妄想”等病症的患者会编造出一系列怪异、荒谬的解释，解释他们感受到的现实，因为他们接受到了怪异、荒谬的输入。这些病人的解释和你自己的解释之间的唯一区别是两者明显的、可证实的错误程度不同。你在任何时候编造的反映你的精神和身体状态的解释同样都是混乱的，但没有一位心理健康的核查者关心你的健康。不管你的大脑是否受到了损伤，你的大脑总是试图向自己解释，而且准确的程度会随着时间的变化而变化。心理学家把这些虚假的叙述称为“虚构”——无心的谎言。虚构是不真实的，但是说这种话的人并没有意识到这一点。神经科学现在发现，无论是健康的人还是患者，虚构都是常见的、持续不断的。但是在科塔尔妄想中，虚构被放大到了荒唐怪诞的程度。驱动你做出解释的叙述偏见是那些大脑受到严重物理损伤的人产生虚构的原因。

著名神经学家拉玛钱德朗（V. S. Ramachandran）在讨论病感失认症（anosognosia，医学术语，指一种表示否认自身的疾病）时，经常提到虚构。在他的医疗实践中，他遇到过许多身体残疾的人，但是他们对自己疾病的解释却与现实毫无关系。他的一位患者一只手臂瘫痪，但是她却始终否认自己瘫痪了。当被要求解释为什么她不能移动她的手臂时，她说因为那不是她的。她说那是她妈妈的胳膊，她妈妈躲在桌子底下玩恶作剧。拉玛钱德朗还治疗过“顺行性遗忘症”患者，这些患者不能形成新的记忆。每隔十分钟左右，此种患者就重新启动他们的记忆。对患者来说，好像他（她）突然发现自己在医院里，却不记得是怎么到医院的。患有这种健忘症的病人通常会告诉看护者他们在医院工作，或者他们来医院是拜访某个人。患有“安东尼–巴宾斯基综合征”的人会否认自己失明，即使中风或事故已经使他失明了。医生们有时会震惊地发现病人再也看不见东西了，因为病人在检查时没有提出这个问题。通常情况下，护士是发现患者不经意地撞在墙壁上，或者在描述周围环境时，提及了不存在的人和物体后，才知道患者失明了的。

混乱的头脑很快就会变得清醒。当事情看起来奇怪和荒谬的时候，大脑会立刻让它们变得有意义。无方向会变成有方向，这就意味着你会暂时相信一些与事实不符的事情。一个纠结的、令人不舒服的情况被叙述成一个故事，这样生物体（也就是你）就可以恢复常态，开始思考晚餐吃什么。大脑会把混乱变成有序，这样你就不会撞到墙壁上，也不会把鞋子当作宠物，而是一见到麻烦的征兆，或者一种令人困惑的迹象，你的神经元开始编造虚假的解释，以保持清醒。伊普西兰蒂市的三位基督，否认自己右胳膊的人，以及声称自己没有失明的人——他们都在用创造故事来保持清醒。没有这种倾向，你就很难成为一个真正的人，所以在大多数情况下，这对你很有帮助，然而你却很少注意到它。只有当事情出错时，虚构才会变得明显并造成问题，甚至危及生命。不过，它总是藏在幕后。所有的头脑都是诗人，所有的自我都是故事的听众。

拉玛钱德朗告诉我说：“我想把它比作是一位将军，他在准备战斗时收到了不同来源的信息，所以他准备在早上6点发动战争。在5点55分，他集合了所有的军官和侦察兵，要他们报告敌情，然后准备在早上6点整发起进攻。突然，一个人走过来说，情况不对。我们看到的敌人实际上是600人，不是500人。我们得到了错误的情报。你会说，闭嘴。你绝不会修改全部作战计划，因为那样一来代价太大了。即使那个人所说的是真的，其他人都错了，那会怎样？我还是先不要理会他在说什么为好。这就是我们所说的否认，即倾向于不接受与你的叙述相反的信息。可是，如果那人跑来说的是，敌人有核武器。我刚刚用望远镜看到他们有核武器。那么，你发动战争就是蠢举。这时，你不得不说，不，我要改变我的作战方案，我要改变作战方式。”

根据拉玛钱德朗的说法，作为一个有机体，你渴望“行为的稳定性”。你大脑的各个机构最不希望看到的就是整个系统全盘崩溃，失去方向。当你的大脑感觉到了麻烦，感觉到有什么不寻常的事情正在发生，你的第一反应是创造一个故事，作为一种防御机制，来对抗混乱和危险的行为。

“你怎么做都不过分。”拉玛钱德朗说，“我们认为所有这些否认机制，这些弗洛伊德式的否认——合理化、虚构、否认、压抑，所有这些——主要发生在大脑的左半球。大脑的右半球是你的魔鬼代言人。如果否认得过分，右脑会踢你的屁股，说：‘当心，你做得太过分了；你最好面对现实。’”

拉玛钱德朗解释说，有些人的右脑无法抗拒左脑编织出来的看似荒谬的叙述。右脑系统严重损坏会使得它失效。在这种情况下，左脑半球想要什么就会得到什么，而右脑半球则随之任之。

“你看见手臂瘫痪了，左脑便修补它，还说‘别担心’。右脑半球会纠正它，说，‘别傻了，你是瘫痪了’。这种机制就是弄乱头脑，因此那个人才会否认瘫痪，否则就是否认那只胳膊是他的。不过，我们随时可见的、日常的否认行为，却不只是患者身上才有，只是在这些患者身上，这种否认行为更加严重，因为他们的右顶叶受到了损害。”

如果你的大脑未受损，你就会经历拉玛钱德朗所说的两个脑半球之间的“推挽对抗作用”。情况越新奇，左脑就越努力地对情景做出圆满的解释，并产生一种“叙述的内在感”，而右脑就会仔细地审视这种解释的可疑性。

以下是我生活中遇到的一个崭新情景：一天早上，我的朋友德文·莱尔德（Devon Laird）正在刷牙，突然瞥见一个硕大的成年裸体男人从客厅天花板上掉下来。在倾盆大雨中，这名男子头朝下掉在了一把蒲团藤椅上。在一片混乱中，莱尔德目瞪口呆地站了一会儿。他的女友朝那个缩成一团的男人大喊大叫，要求他马上离开。那人跌跌撞撞地站了起来，很有礼貌地把椅子摆好，打开前门，跳了出去。然后他转过身，问莱尔德和他的女朋友是否愿意借给他一条短裤。接下来是有史以来最尴尬的沉默时刻，但很快被更多的指指点点和尖叫打破。意识到没人会去给他拿衣服，那个从天花板上从天而降的裸体男人，在晨光中，从门内的衣架上抓了一件夹克就逃开了。

我的朋友和他的女朋友面面相觑，迷惑不解，天花板上隔水层的碎片依然在往地板上飘落，两个人在等待着一个合理的解释。在他们等待的时候，他们的大脑开始做起它最擅长的事情：编故事。大约一个小时后，我和一群朋友站在那里听莱尔德讲这个故事。后来，我开始把他的故事讲给别人听，那些人又开始讲给另外一些人听。而每传播一次，那个杜撰的故事就会演化一次。这个故事最终在当地媒体上传开，然后在录音棚里从一个大市场传播到另一个更大的市场，最后在全国有线电视上作为一个怪异新闻片段而广为流传。直到那个故事不再有人关注，也没有等到官方解释。如今我们已经知道了这个谜题的答案了，我会告诉你的，但是我们现在先花费一点时间，像以前一样，暂且做个推断。

我记得，事情一发生，我就和莱尔德聊过。他说，当时他站在房间里，嘴里含着牙膏，面对一个刚从天花板上掉下来的裸男时，他最初的想法是，这个家伙想要盗窃他的公寓。后来，他们看到外面停着的警车，才知道那个不速之客因为违反假释条例而被通缉。这样一来，这个故事似乎更加可信了。我们都提出了十几种可能的情节。也许这个家伙采用的是《碟中谍》的抢劫方式，入室盗窃但又不承想自己的衣服被钉子钩住。也许他已经在墙壁夹缝中躲藏了好几个星期，靠雨水和从没有上锁的食物间偷来东西续命。他赤身裸体，因为里面可能很热。也许他是在逃避警察的追捕，脱下了囚犯的衣服，溜进了一个通风口，而他掉下来，只是因为他相信自己在动作片中学到的技能。这篇文章一经上传到网上，你就可以看到其他人都在做同样的事情。我们都在编造故事，想要得到一个解释。我们只知道事情的结果，它让我们为之疯狂，使得我们每个人都以为自己能知道那个男人究竟发生了什么事情。那个男人从一幢陌生人家的二层公寓的二楼跌落下来，扶起家具，身体赤裸，上面还沾满了天花板隔水层的碎片。我们都说，“这个故事一定有更多我们不知道的情节”，但我们的意思是：必须有一个能叙述出来的故事，某种解释。否则，世界将不再有意义。

想想你编造出的那个故事吧，它旨在解释为什么一个男人会赤身裸体，从天花板裂缝中跌落下来。这自然是一个崭新的情景，你也会和我们一样，左脑半球开始运作，试图找到一个合理的解释。我们没有假定那家伙是一个正在监视我朋友的间谍，因为我们的右脑告诉我们：那的确不是一个真实可信的故事。那么，对于从上面掉下来的裸体男人，真正的解释是什么呢？正确答案揭晓：当警察敲门时，他正在和他的女朋友（莱尔德的隔壁邻居）做爱。他们的交媾被突如其来的敲门声打断了，他光着身子慌忙逃走，慌张地寻找出路，碰巧看到她女朋友家厕所的天花板上有一条裂缝。他扒开裂缝，爬进那个小阁楼，撞破了他女友公寓和隔壁公寓之间的那层薄薄的隔板。通缉犯沿着木支架从一间阁楼爬到另一间阁楼时，他脚下一滑，摔在了两根梁之间的隔水层上，结果他的重量在地球引力的作用下，超出了石灰板的最大承重限度，于是最终掉了下来。

当这个谜底揭晓时，想弄清楚此事的每个人都做了一件事情，而这些都不出拉玛钱德朗所料。我们又开始竭力使自己的右脑运作起来：我愿意接受这个故事吗？这种对现实的描述符合我们对逻辑和连续性的最低要求吗？是的，我们说。是的，确实如此。然后我们继续我们的生活，安心地继续吃瓜了。

就像所有人类一样，你最终将生活中所有令人困惑的元素归结为两个问题：我们从哪里来？我们为什么在这里？这些问题的答案构成了整个文明的核心。各种文化都提出了一些关于作为整体的宇宙，关于民族和国家，关于企业和女童子军等的问题。从存在主义角度来说，有些人找到了以上问题的答案，并对答案始终不渝；而有些人满足于他们各自的生活，从不寻求任何解释。

新兴的叙述心理学领域增加了第三个基本问题：你为什么想知道以上两个问题

的答案？叙述心理学问：你为什么要寻找意义？心理学家丹·麦克亚当斯认为，当你尝试叙述失败时，你就会像自由落体一样，陷入到萎靡、倦怠、社会反常和停滞之中。他认为，这就是人们在退休后迷失自我的原因。没有叙事的维系，他们的欲望、需求和目标就会分崩离析。麦克亚当斯是叙述心理学的先驱之一，他在几本书中描述了个人神话形成的可预见过程和神话的普遍性。他写道，讲故事出现在每一种人类文化中。麦克亚当斯认为，意义比幸福更重要，“创造意义就是创造动态的故事，使人类存在的表面混乱变得合理和连贯”。

叙述心理学的中心论点是：你不是运用逻辑和仔细的分析来解开“你是谁”和“你需要什么”这两个问题的答案的。你既不做假设，也不做检验。你不会去研究、记录、思考生活中的各种变数，也不会去思考一路上遇到的人。客观和理性很难在你的智力生态系统中茁壮成长。你认为时间是一条从过去到现在的道路，你生命中的所有事件都发生在其中。你认为生命从一个地方开始，在另一个地方结束，一路上有很多障碍和高光时刻。你的大脑里需要一位叙述者，使你的巨大的神经元网络产生的嗡嗡声变得有意义。你探求原因和结果，有利于你以自我角度来解释这个世界。在人类血统的漫长的演变历史中，叙述逐渐演变成把意义从一个人传递给另一个人的最佳方法，并保持着语句的真实性。

叙述是意义的传递者，也是保存历史的工具。他们创造并保留着文化，他们从对生活事件的可塑的、不完美的记忆中形成身份。因此，人类关注意义、因果的方方面面都将大大依赖于叙述，这才能显得意义尤为重要。例如，关于第二次世界大战的纪录片、书籍和电影就把第二次世界大战讲述成了一个有明确开头和结尾的故事。事实上，没有什么是有明确的始末的。第二次世界大战是由无数个原因和结果构成的一个巨大而模糊的迷宫，一个有着无数初始条件和影响因子的汇合点，这些条件和影响因子至今仍在地球上人类所做的一切事情中回响。一个好的叙述能够在混乱中开辟出一条路，在这条路的范围内，事情是有意义的。这就是你的叙述偏见的基础。当你有机会用自己的方式来理解生活的时候，你更喜欢用故事的形式来讲述和倾听细节。你把自己作为主角放在一切的中心。你把你的人生视为一个个的阶段，就像一个个章节，而你的过去则是由一系列大大小小的胜败构成的。当你回顾过去的时候，生活是有意义的，因为你可以把它编辑成一个故事。在叙述的帮助下，过去似乎变得很简单，你认为它是可以预测未来的。这就是心理学家所说的“后知之明偏见”。在研究中，那些写下自己对重大新闻事件结果预测的人，通常会认为他们自己的预测非常准确，但是事实并非如此。因为你很少把你的预测记录下来，你也很少注意到它们有多不靠谱。因此，你往往对自己的预测有着超乎寻常的自信心。

你的叙述偏见使你如果不把外部世界的信息整理成一系列因果关系，就几乎不可能真正地吸收信息。大多数动物只是做它们该做的事。海参和土豚不会考虑它们的行为；它们不会感到羞耻、骄傲或遗憾。即使没有理由，你也会这么做。如果你回顾某一行为、思想或情感，感到困惑时，你会产生强烈的解释欲望，而这种解释会影响你未来的行为、思想和感觉。最常见的方法是通过所谓的“事后合理化”来解决。事后合理化是一种事后的解释，它对你来说足够有意义，你可以继续前进，而不会在第二次猜测自己的动机时停滞不前。如果你顶着夏日正午的烈日，花了一整天的时间，帮你最好的朋友搬家，在他的新居通电之前，你会很想喝一杯清爽的冷冻啤酒。当你回想起这个场景时，会发现它容易解释你的欲望、选择、活动、行为和情绪的来源。你当时感到很热，并和朋友们在一起时，啤酒便是再好不过的选择了。然而，如果时光可以倒流，追溯一下导致你想喝冰镇啤酒，在大脑中产生的数百万种影响，你可能会注意到：前一天晚上你一直在看一个特别蠢的啤酒广告；或者你曾经经过了一个讨厌的啤酒广告牌；或者你上次去杂货店的时候看到了一个由啤酒瓶组成的金字塔；或者当你最后一次去看你妈妈的时候，她非让你坐下来陪她观看《猫鼬庄园》的全套DVD光盘，但不知怎么的，“猫鼬庄园”让你联想到还没有发明出来的啤酒浴，在经历了如此艰难的一天后，你会喜欢漂浮在其中。Post hoc ergo proter hoc，这句拉丁语的意思是“在这之后，所以因此”。由于你的叙述偏见，你会不由自主地把这些点点滴滴串联起来，编造出一些故事来帮助解释那些平凡的事情（例如想要喝一杯凉啤酒），而且还可以解释荒诞的事情（用处女献祭，以求得谷类生长旺盛）。你用最纯粹的“事后合理化”，解释为什么一个事件会跟随另一个事件发生。如果你吃了鱿鱼卷后病得很厉害，那就几乎自动写成了一个故事：Post hoc lolligo, ergo quia de taco（在那之后，我再谈谈沉默）。然而，这种对现实的假设是不准确的。你无法确切知道是什么让你生病，但由于事后合理化和叙述偏见，你可能再也不会吃鱿鱼了。故事是线性的，这种线性有助于你理解发生在你身上的事情。你更喜欢清晰的因果关系，然而每年足球锦标赛和斩首祭祀仪式之后玉米长得高，却并不意味着这两者是有联系的。

由于你的叙述偏见，除非这个世界上的人都被看作是故事里的角色，否则这个世界就没有什么意义了。伟大的人物本质上必须充满人性，否则就没有意义。所以，当你构思你的故事时，你倾向于将其中的动物、厨房用具或风景拟人化。

当你思考故事的中心人物的那些瞬间时，真的会出现叙述偏见，而那个核心人物就是你。你会感觉你就是你，而不是地铁里那个用靶袋当背心穿的人。“个人边界”是你的自我结束、外部世界开启之处，在这里，你可以控制住你的行动而不是被外星人控制的寄生虫，你的故事只属于你自己。这些“个人边界”汇集起来，构成了一团黏土般的假设，这通常被称为“自我”。

在过去20年里，神经科学和心理学联合起来，合力得出了一个奇怪而令人不安的结论：自我不是真实的。和其他的故事一样，自我也只是一个故事，是一个由你的叙述偏见创造的故事。毕竟，你只是一堆原子罢了。当你吃香草布丁时，它也是一堆原子，你实际上只是把这些原子放在你的原子旁边，等待它们中的一些原子交换位置。如果你妈妈喝了第二杯酒之后，出现了另一种情况，那么构成你的骨骼、皮肤、舌头和大脑的原子就会被重新组合成其他的东西。碳原子、氧原子、氢原子——构成你身体的所有元素，甚至包括钒、钼、砷，都可以从你体内分离出来，被收集起来，再重新利用，制成其他东西——如果有这样一种看似不可能的技术存在的话。

构成物质的材料就像一个由乐高积木组成的宇宙盒子，能够变成我们所知道的任何形式，从山脉到猴子不等。如果你思考这个问题的时间足够长，你可能会遇到哲学家德里克·帕夫特（Derek Parft）提出的同样奇怪的问题：如果我们有一台原子交换机，一次用爱德华·詹姆斯·奥尔莫斯身上的一个原子与你身上的一个原子做交换，那么，你从哪一刻开始不再是你，而是奥尔莫斯？在这个过程中，你会失去你自己的理智而得到他的理智吗？在这期间，你和奥尔莫斯会同时存在吗？在某个时刻，你们的思想、梦想和记忆会互换吗？这个思维实验产生的怪异感，揭示了你看待自己和他人的方式。你有一种与生俱来的感觉，觉得别人身上有着特殊的东西，其中最为特殊的是你自己。即使你是一个坚定的唯物主义者拥护者，也无法阻止你内心的小小牵引力，它让你觉得肉体之外可能存在着某种东西，某种不是由原子构成的东西。对你来说，人的本质不仅仅是身体各部分的总和。然而，这种感觉在出生时并不存在。

正如心理学家布鲁斯·胡德在他的《自我幻觉》（*The Self Illusion*）一书中所写的那样，你有一个古老故事，你有一种原始感觉，你从年轻到现在沿着一条线性的道路旅行，经历了起起落落，最终造就了今天的你。婴儿没有这种能力。这种感觉是建立在你能回忆起的事件和时间上的。婴儿和幼儿具有胡德所说的“无意识知识”，也就是说他们只是识别模式并与刺激产生联系。没有情景记忆，就没有叙述；没有叙述，就没有自我。根据胡德的说法，在二岁到三岁期间，自我意识开始出现，而这种觉醒与基于记忆讲述自己故事的能力是相对应的。他提到了1988年艾莉森·高普尼克（Alison Gopnik）和詹妮特·阿斯廷顿（Janet Astington）的一项研究，研究人员给三岁的孩子一盒糖果，但是孩子们惊讶地发现里面是铅笔而不是糖果。对每个孩子做了同样的实验后，研究人员问孩子们：旁边的孩子收到的盒子里装的是什么，得到的答案通常是铅笔。孩子们还不知道其他人有思想，所以他们认为每个人都知道他们所知道的事情。一旦你获得了一种能力，假定别人也有思想，“他人头脑”的概念就会随之变得很强大，以至于使你把它投射到万物之中：植物、计算机、有名号的船只，一切你能想到的有意义的事物，连那些开玩笑所做的假设，无一不具有“自我”。这种使命感是如此的强大，以至于人类一直以来都认为自己是太阳、月亮、风和海洋的舵手。“自我”和“他人自我”，这种意识造就了整个社会结合在一起的叙述。古代和现代的伟大神话故事都是为了从宏观上理解事物而编造出来的。叙述偏见如此强烈，以至于人们为这样的故事而生，为它而死，为它奉献一生（也为它们舍生忘死）。

如果你对叙述没有偏见，你就会迷失。请记住，你的思维是生物进化的结果——化学的和电子的暴风雨，传入到那些蛋奶沙司般的细胞，而细胞连接血管，然后连接着其他一些你吃饭时不想接触的蜂窝状的东西。那就解释了你是谁，那是产生思想的东西，但那不是你内省时所觉察到的。你的内心，看到的是一出戏。你会看到爱情剧和悲剧，冒险和命运的转折，而你是一切的中心。在旧金山举行的名为“成为人类”（Being Human）的会议上，神经学家大卫·伊格尔曼（David Eagleman）告诉听众，经过一生的冥想之后，佛教僧侣们也只是涉足了一片“潜意识的海洋”。用他的话说，再深入一点，就像是为了弄懂YouTube视频里的一个笑话而去测量一个晶体管。随着人类祖先的不断进化，神经节输出的冗长费解之言越来越复杂。它必须以某种方式结合在一起，而叙述是一个完美的解决方案。伊格尔曼在其专著《匿名者》中说道：大脑的有意识部分只是大脑的一小部分，当意识到达大脑时，大脑的有意识部分往往倾向于相信无意识海洋中的某种东西，而这些东西，大脑的有意识部分在很多年都不知道它们的存在。你无法了解事情的真相，但这并不妨碍你编出一个故事来解释它。在那个故事里，你把意识错当成了创造。事实上，你意识到的那一部分并不是你大脑的唯一所有者。用心理学家乔治·米勒的话来说，你体验到的不是思考本身，而是思考的结果。

也请大家记住，那些把你结为一个整体的叙述，几乎不会受到直接攻击的影响。个人叙述不会轻易改变，人不会因为一个论证就放弃其地位。思想可能会发生根本的变化，但是那些故事却改变得非常慢。正如作家迈克尔·佩里（Michael Perry）在其《远离大街》（*Off Main Street*）一书中所写的那样，“我们如同淤泥般附在真理上，真理则像风吹砂岩一样，不断地磨砺我们”。

对于所有的存在，你都赋予了一种内在叙述，你每时每刻都在构建故事以让自己理解正在发生的事情，而且你更喜欢以叙述为框架的信息。你倾向于无意识地构造故事来理解这个世界的意义，而当你需要解释你的思想、感情、行为以及其他所有的事情时，当你停下来思索你是谁，你为什么在这里等此类的问题时，你就会不断地重复那个故事。即使是现在，坐在这里，阅读这篇文章，如果你被问到为何如此做，你也会编出一个有开头、中间和结尾的故事。故事里有因有果，有叙述者，有主人公，如此等等。此外，当事情以故事的形式向你呈现时，你会更容易相信和接受它们。原始数据可能更准确，但你宁愿简化事情，继续你的生活，而不是钻研图表和数据可视化。情感诉求比统计分析更容易进入你的大脑。一场穿插着笑话和意想不到的转折的演讲，比通过幻灯片发表的演讲更能打动你。当与一个引人入胜的叙述相对时，真相和准确性往往会败北——即使这个叙述来自你的脑袋里，也无济于事。在这本书的其余部分，你会注意到，在你努力不那么笨的每个场景里，你的做法中都能见到叙述偏见的影子。每当事情开始变得有一点难以理解时，你都会以对故事的误解来取代你的焦虑。

你不只是寻找食物和躲避危险，你不只是对刺激做出反应。你回忆过去，并把它的更好的版本告诉你的新朋友。你解释和编排，你突出某些情节，模糊另一些情节，你重构故事，将故事合理化。当你直面自我时，你会发现自我也不过是一个故事。这是对你自己的记忆的解释，其他任何人都是听众。

2. 普遍信念谬误

误解 一个信念的赞成者越多，它就越有可能是正确的。

真相 一个信念不可能仅仅因为许多人相信它，它就更为准确。

莎士比亚说过，人是万物的典范，具有高贵的理性和无限的能力。在他说这些话的时代，医生们还相信人的身体内填充着黑胆汁、黄胆汁、痰液和血液，而所有疾病和健康都取决于这些体液之间的相互作用。你有嗜睡和懒惰的症状吗？哦！那是因为你体内的痰太多了。你觉得不舒服吗？也许你体内的血液太多了，应当找个理发师给你放放血。莎士比亚，一个最伟大的英语作品的创作者，对于用刀子治好发烧的说法也深信不疑。

回到你自己所处的时代，你坐在飞机里，而此时人类已经掌握了飞行技术，某种满足感会从你心底油然而生。但请大家注意的一点是：就在世界上第一架动力飞机起飞的那个国家里，当时的妇女没有选举权，很多人都坚信妇女永远都不会拥有选举权。你凝视着遥远的星系，也许会惊叹于在不到60年的时间里，人类从制造飞机发展到制造宇宙飞船，但在这期间，人类还经历过两次世界大战，参加过数不清的儿童选美比赛。之前人们相信过的很多事情，如今已经没有人再相信了。信念是一种相当脆弱的东西，也许正是因为如此，多数人才如此小心地守护着信念。

不过，与你那些系着腰缠布的古代表亲相比，你生活在一个神奇的时代。你的口袋里可能装有一台超级计算机，而且与你的大多数祖先不同，你可能永远不会为食物或住所伤脑筋。你不会在晚上睡觉前琢磨自己在第二天早上是否成为狮子的囊中之物。以这种方式看待事物，与你的祖先相比，你可能会认为自己是当代社会的天才。且慢，倘若今天下午你突然穿越到了中世纪，发现自己正站在一个熙熙攘攘的村庄里，脚底的污泥深及脚踝，你能给那时的人们带去什么未来之物？科学和医学的进步，技术的飞跃——你能向那时的一位热心的炼金术士或好奇的烈焰术士传授什么信息？即使你是一名工程师或化学家，你也不可能从零开始就发明出吸尘机器人。你可能会在一周内挖掘坟墓或照料牲畜，但不可能发明轧棉机或蒸汽机。你当然也不能治愈很多疾病。你能提供给他们最好的东西就是你对卫生设施好处的了解。你看，很多你认为可以证明你智能的东西其实只是巨大文化遗产的一部分。如果在你缓慢地爬出石器时代时按下某种重置按钮，你会发现你和一万年前的人没有多大的差别。如果地球变成了一片窒息的、核战之后的废墟，你能给幸存者提供什么技能和知识？关于现代生活，你真正了解多少？

我的朋友苏珊娜·格雷格（Susannah Gregg）第一次听说风扇导致死亡的消息时，她住在韩国，在那里当英语老师。那时，韩国人有一个普遍的信念，他们认为摇头风扇是人类最致命的发明之一。她和一个朋友出去喝啤酒，她朋友惊恐地发现：她房间里的电扇还在转动，而她的宠物兔子还在她的房子里。她的朋友，一个28岁的大学毕业生，直到看到她关掉风扇才肯离开。他向她解释说，人人都知道不能在关着窗户的房间里让风扇转动，因为那就意味着必死无疑。令他震惊的是，苏珊娜竟然不知道这么简单的事情，关键是这有可能危及生命。苏珊娜以为他在开玩笑。在她的国家，在大多数国家，没有人相信这样的事情。她成功地避免了常见的信念谬误，不是因为她比她的朋友更聪明，而是因为她已经做了必要的尝试实验来反驳这个谬论。她曾多次睡在一间开着电扇的房子里，并且安然无恙地活了下来。从那以后，她向很多朋友和同事讨论关于风扇的事情，得到的回答褒贬不一。有些人认为这种信念是愚蠢的，有些人则认为风扇导致死亡这事儿是真实的。通过谷歌搜索出的为数不多的关于此信念的解释，虽然起到了一定的解惑作用，但是“不能在有电扇转动的房间里入睡或者长时间逗留”这种信念，在韩国仍然普遍流行。苏珊娜告诉我，在韩国境内购买不到没有安全装置的电风扇，这个安全装置确保在设定时间到了后，风扇会自动关闭。因为“电扇导致死亡”的普遍信念根深蒂固，风扇制造商不得不给风扇都装上安全开关，以安抚大多数消费者的非理性恐惧。

那些认为地球是被一只巨龟驮着的人，以及相信跳舞会使老天降雨的人——他们的大脑和你的一样。换句话说，他们的大脑DNA蓝本和你的构造毫无二致。所以，在他们的世界里出生的孩子和在你们生活的世界里出生的孩子是一样的。进化是一个非常缓慢的过程，以至于难以区分你的大脑构造和一万年前的人的大脑构造有何差异。然而，当我们回顾古人时，我们很容易嘲笑他们各种愚蠢的假设。从烈火战车上的神灵到森林里烘焙饼干的精灵，你的祖先相信各种各样的事情。其实你如今也不得不应对同样错误的推理。此外，他们也被一种渴望所驱使，即理解现实的意义，去回答那个古老的问题："这里到底发生了什么？"你的那些祖先们没有让这个问题搁置不前，而是往往直面回答。他们一直不断地尝试回答这个问题，每次都会有新的答案，但是答案却依旧有些愚蠢。

人类从削燧石以造矢镞以来，面临的最困难的障碍之一就是一种思维障碍，被称为"普遍信念谬误"（common belief fallacy）。在拉丁语中，"argumentum ad populism"意为"诉诸众人"，这会给你一定的启发：这种谬误是人类长期以来担心的事情。谬误是这样运作的：如果大多数人相信某件事是真的，那么你第一次听到它的时候就更有可能相信它是真的。然后你会把那个错误的信念传递下去，如此继续下去。作为一种社会性的生物，你身处在一个新的工作、新的学校、新的国家或者任何新的环境中时，你所做的第一件事情就是让熟悉环境的人帮助你熟悉做事的最佳方法，找到最佳的用餐之地，以及哪些手势会让你脑袋搬家，等等。当然，问题在于：你获得的这些信息实则是一些观点，而这些观点又基于有些因素，如从众心理、情感、规范，以及流行程度，而无论何时，你只要花时间在一所中学、一家迪斯科舞厅或狂欢晚会上待上一阵子，就会懂得，流行的事物并不总是好的或者是真的。我们不能完全摒弃流行的事物，但是至少我们现在对它们有了一定的应对之策。

在人类尚未找到检验真理的方法之前，真理就像是一条狡猾的鱼，这就是为什么你的祖先们看起来那么笨。我说的不只是那些削石头的人，而是指所有人，医生和哲学家们也包括在内。其实，人类是愚蠢的，在很长一段时间内，人类走向文明的方式是蜿蜒的、不可靠的。直到人类发明并采用了工具挖掘那个使自己不断下落的愚蠢巨洞。

所谓的“巨洞”是“自欺”的隐喻。你的曾曾曾祖父母并不是真的一直在一个巨洞里不断下落，至少，掉进洞里的人数尚不足以支撑一个章节的论述。上文中所说的“工具”也是一个隐喻，实则指的是科学方法。

你的祖先发明了科学方法，因为“普遍信念谬误”促使你找到一些默认策略来说明世界的意义，但这些答案通常是错误的。蜜蜂为什么喜欢花朵？是什么原因导致下雪？婴儿是从哪里来的？各个部落、城市和民族所做出的解释都貌似有理，难分伯仲，哪怕有些解释是完全捏造的。更糟糕的是，一旦一种解释融入了一种文化中，它往往会成为一种官方解释，长久流传下去。“雷是什么？”一个孩子可能会问。一个萨满教巫师会这样解释：“哦，那是天上的巨型雪蟹从它的床上掉下来发出的声音。”这个回答使得人人都非常满意，直到这些人有了自己的孩子，最终死于痢疾。有限知识的仓鼠转轮在不停地转动，直到科学方法使它停下来。即便如此，我们仍有很长的路要走，还有大量的“蜘蛛网”需要从常识中清除掉。

在科学正规化之前，一些非常聪明的人一直相信某些怪异的事情。大约在约翰·塞巴斯蒂安·巴赫创作交响乐的时代，许多科学家断言：“燃素”（phlogiston）存在于任何你可以燃烧的东西里，一旦你点燃它，燃素就会逃到空中。如果你在一个锅里放一些燃烧着的木头，并在上面盖上盖子，火焰就会熄灭，因为在它饱和之前，空气只能容纳这么多的燃素。一块木头被留在空地上，最后变成了灰烬，是因为正如他们所说的，完全失去了燃素。这种观念持续了大约一百年，才被不懈的科学批判揭穿。最后，科学家们意识到根本不存在燃素，发生奇迹的元素是氧。火焰消耗氧气，而锅盖使火焰失去了氧。

学者们也曾认为生命可以被重新造就。追溯到亚里士多德时代，学者们相信：如果把肉放在外面，放置足够长的时间后，它就会以蛆和苍蝇的形式自发地产生新的生命。同样，那些人还认为：如果把脏破布堆起来，放置一段时间后，它们就会神奇地变成老鼠。1668年，一位名叫弗朗切斯科·瑞德（Francesco Red）的医生检验了这一假说。他把肉和蛋分别放在密封和未密封的容器里，然后再检查哪些容器里有生命。密封的容器不能自发地产生生命，因此，生命重生的信念开始动摇了。起初，其他的思想家对瑞德的发现提出了质疑，直到两个世纪以后，路易斯・巴斯德才通过实验使人们彻底放弃了那个信念，巴斯德也因此赢得了伟大的声誉。许多人将瑞德的试验和那段时间的一些奇特试验视为人类历史上的一个转折点。一种颠倒的世界观正在使生活变得更好。有人说，这种“把肉装进瓶子中”的做法标志着科学方法的真正诞生。它证明了与从常识入手相比，寻找与常识不符的证据是一种更好的研究方法。

你天生倾向于从结论出发，然后逆向证实你的假设，但是科学方法却反其道而行之，试图推翻你先前的假设。如果你消除了怀疑，真相的轮廓就开始渐渐显现出来了。你的那些祖先们一旦意识到这种方法有效，想必没有经过几代人的时间，人类就从烧死女巫和饮用水银迈向绘制人类基因组图和在月球上打高尔夫球了。

即使在你的亲戚们掌握了科学的方法之后，人类还是追求并相信一些非常奇怪的事情，许多旧观念也很难摒弃。难以相信，即使是像洗手预防感染这样简单的事情，也是直到最近才被医学界完全接受。即使在人们发现并证明洗手可以大大降低致命发烧的概率，这一信念还是过了一段时间才流行起来，因为这太具有革命性了，太怪异了。细菌和微生物的概念挑战了许多其他的观念，例如，疾病的来源可能与发臭的东西有关，而当你想到这个观念时，你认为这非常有道理。在一个已经发明了电话和灯泡的世界里，洗手预防疾病的观念却遭到了那么多的质疑，医生们为此还争论了好几十年。

尽管使自己摆脱愚笨的道路崎岖坎坷，人类在这条路上走走停停，但是仍然坚持着。你可能已经注意到上述这些所有事例都令人惊讶——科学证实它们不再可信，你也不再相信它们。在与“普遍信念谬误”的斗争中，新的普遍信念诞生了。那是因为科学为你做了一些你自己不擅长的事情。科学不断地撕开现实，寻找其中的弱点。当然，科学家只是普通人，和其他人一样容易犯傻，但是他们的努力和探索在缓慢、切实地减少人类的弱点。这是一个自我修正的系统，它总能使得今天比昨天更接近真理。

当谈及你自己生活中的“普遍信念谬误”时，请记住：科学家们总是试图追求更为合理的结论，但是你一个人是无法做到的，至少在默认结论的情况下是无法做到的，并且你本身对此也不擅长。你察觉不到科学所定义的“无效假说”（null hypothesis）。也就是说，当你相信某件事情的时候，你很少会去寻找与之相反的证据，来检验这些证据是否与你的假设相符。这就是都市传奇、民间传说、迷信等的来源。怀疑不是你的强项。公司和其他机构也很少专门设立一个部门来关注其机构自身的缺陷。与科学不同的是，大多数的人类活动都会省掉这个专门寻找工作中最差表现的部门——它不仅仅是个投诉部门，而是一个查看组织是否走正路的部门。人类的每一次努力之后都应该停下来，问问自己目前是否做错了。若想不那么笨，就必须让这个部门在你的头脑中运转起来。你最好借鉴科学方法的经验，并将其应用到你的个人生活中，这样你就会做得更好。此种情况下，当你在用钩针编织、打高尔夫球、浏览猫咪视频时，科学都会与你的愚蠢做斗争。人类的其他活动都不会像科学那样努力奋斗与愚蠢相抗争，至少没有胜利过。

你的前人们发明了科学，因为你与生俱来的理解和解释经历的方式太过拙劣了。你毫无证据时，得出的每个假设都是一样的。你更喜欢看到结果而不是原因，你更喜欢看到噪声中的信号，以及发现混乱中的模式。你喜欢容易理解的故事，因此你会把生活中的一切都编织成一个个的故事，这样使复杂的问题变得尤为容易。科学家们努力消除这些叙述，将其浓缩，只留下原始的事实。数据原封不动地披露出来，以便每一位新的访客都能对其进行反思和重新安排。科学家和外行人会用这些数据编造出新的故事，他们之间会有争论，但数据不会改变。他们可能在一百年或更长的时间里都讲述不清楚故事的意义，但是由于有了科学方法，这些充满偏见和谬误的故事将与事实发生碰撞，湮灭在漫漫历史长河之中。

3. 逆火效应

误解 当你的信念受到事实挑战时，你会改变你的观点，然后把新的信息融入到你的思考中。

真相 当你内心深处的信念被反面证据挑战时，你的信念反而会变得更加坚定。

《连线》《纽约时报》《后院家禽》杂志——他们都这么做。有时他们搞砸了，扭曲了事实，只要通过墨水或照片，著名新闻媒体会找个机会说一声“我弄错了”，就可以了。

如果你从事新闻行业，想要保持你在报道准确性方面的声誉，就得发表更正。对大多数话题来说，这样做并无不妥之处，但大多数新闻机构没有意识到的是，如果你手头上的问题是贴近读者内心的，那么这样的修正会进一步让读者远离事实。事实上，那些隐藏在每一份报纸厚厚的一页上的精辟的导语指出了塑造你思考、感受和决策方式的最强大的力量之一——一种阻止你接受真相的行为。

2006年，研究人员布伦丹·尼汉（Brendan Nyhan）和杰森·赖夫勒（Jason Reifler）在报纸上发表了几篇关于政治问题两极化的假文章。这些文章的写法证实了人们对美国政治中某些观点的普遍误解。只要一个人读了一篇假文章后，研究者们便会给他看一篇报道真实的文章，以用来纠正第一篇的报道错误。例如，第一篇文章暗示美国在伊拉克发现了大规模杀伤性武器。第二篇文章更正了第一篇文章说美国从未发现那些武器，这才是事实。那些反对战争或有强烈自由主义倾向的人往往反对第一篇文章，赞成第二篇文章。那些支持战争和更倾向于保守阵营的人倾向于同意第一篇文章，而强烈反对第二篇。这些反应不会让你感到惊讶。不过，保守派对此次修正的看法应该会让你三思。在阅读了没有大规模杀伤性武器的报告后，他们报告说，他们甚至比以前更确信，实际上有大规模杀伤性武器，他们最初的信念是正确的。

研究人员用干细胞研究和税收改革等其他问题重复了这个实验，他们再次发现，如果纠正与他们的意识形态相矛盾的结论，纠正往往会增加受试者的错误观念。持不同政治立场的人阅读相同的文章，然后进行相同的修正，当新的证据被解读为对他们的信仰构成威胁时，他们的信念就会增强一倍。“更正”造成了“逆火效应”。

2013年，研究人员凯利·加勒特（Kelly Garrett）和布莱恩·威克斯（Brian Weeks）扩展了这项实验的范围。在他们的研究中，已经对电子健康记录产生怀疑的人阅读了关于支持此类受试者信念的技术的不实文章。在这些文章中，科学家们已经识别出了所有的错误信息，并用括号圈画了起来，用红色高亮显示，将相关段落标注了斜体。读完这些文章后，那些之前说过反对电子健康记录的人报告说，他们的观点没有变化，并且比以往更强烈坚持自己的观点了。“修正”不但没有削弱他们的偏见，反而强化了他们的偏见。

一旦某样东西被添加到你的信念中后，你就会保护它不让它受伤害。当你遇到和你的信念相悖的信息时，你会本能地、无意识地这样做。你主动寻找信息，“确认性偏见”会保护你；同样，在你找寻信息的过程中，如果信息蒙蔽你时，“逆火效应”就会保护你。在众多信念中，你一直坚守着你自己的信念，而不是质疑这些信念。当有人试图纠正你，试图冲淡你的误解时，结果适得其反，反而强化了你的那些误解。随着时间的推移，“逆火效应”能够使你不再那么怀疑一些事情，这样你就会继续把你的信念和态度视为看得既真实又正确的事情。

1976年，在罗纳德·里根（Ronald Reagan）竞选美国总统时，他经常讲一个故事，即一个芝加哥妇女为了赚取收入而诈骗社会福利制度的故事。里根说，这名妇女有80个名字，30个地址，12张社会保障卡，用来领取食品券、医疗补助和其他超过她应得的福利。他说她开着一辆凯迪拉克汽车，不工作，也不交税。里根说，他去过的几乎每一个小镇都有那样的女人，但他从来没有提及女人的名字，他这是想激怒他的听众。这个故事巩固了“福利女王”一词在美国政治辩论中的地位，不仅影响了接下来30年的美国社会舆论，而且影响了美国的公共政策。但是这种说法并不是真实的。

当然，总有一些人会欺骗政府，但历史学家说，从来没有一个真人符合里根的描述。大多数历史学家认为，里根逸事的原型是一位有四个化名的行骗高手，她乔装打扮，从一个地方搬到另一个地方，而不是某个足不出户、被哭闹的孩子围着的全职妈妈。

尽管后来真相被揭穿，时间也在流逝，但这个故事依然鲜活有力。那个被虚构出来的女人打盹醒来之后，迈着史高治·麦克老鸭那样的步子，走进发放食物券的地下室领取食物券，然后回家接着继续眯觉。而努力工作的美国人却在拼命挤过大街上的人群，赶着去上班，这样的故事每天都可以在互联网上找到。故事中文化模仿的持久力令人印象深刻。这个故事的改编版本不断涌现，这些故事是“逆火效应”的主要基础之一。心理学家称它们为“叙述脚本”，这些故事讲述你愿意听的故事，符合你的信念，使得你能一如既往地保持你对事物的感觉。如果相信“福利女王”保护了你的意识形态，你就会接受它并继续前进。你可能会觉得里根的奇闻与你的信念不符合，或者滑稽可笑，但你毫无疑问地接受了一个类似的奇闻：说的是一家制药公司阻碍研究，或警察未经授权就进行搜查，或巧克力对健康的益处。你看过一部纪录片，若讲的是某种你不喜欢的事情的坏处，你大概会喜欢那部纪录片。每一部迈克尔·摩尔（Michael Moore）的纪录片，就会有一部跟迈克尔·摩尔的纪录片相反的纪录片，其支持者都试图说服你，他们的那个版本才纪录了事情的真相，是更好的选择。

选择性怀疑论的一个很好的例子就是网站unbelievable.org。它收集了“脸谱”网站上的一些人的评论，这些人认为讽刺报纸《洋葱报》上的文章是真实的。关于奥普拉的文章给少数人提供了机会和她同葬在一个华丽的坟墓。有的文章说建设一个超大型堕胎中心耗资数十亿美元，还有文章说美国普通汽车赛车协会（NASCAR）奖励了一些司机，因为他们发表了表达“同性恋恐惧症”的评论，这些评论都得到了“对呀，确实是这样”之类的热捧。正如心理学家托马斯·基洛维奇所说的，“当检验与某一信念相关的证据时，人们倾向于看到他们希望看到的东西，并得出他们希望得出的结论……为了得到想要的结论，我们问自己：‘我必须相信吗？’”

这就是为什么那些坚信贝拉克·奥巴马（Barack Obama）不是在美国出生的铁杆怀疑者，永远都不会相信所有的反证的数据。2011年4月，奥巴马政府公布了奥巴马的详细出生证明。正如“逆火效应”预测的那样，“出生怀疑论者”的反应是：他们仔细审查了出生证明的时间、外观和格式，然后聚集在网上，嘲笑那张出生证。他们甚至比以前更加坚定自己的信念了。任何阴谋论或边缘信仰都是如此，过去如此，将来也永远如此。正如著名的阴谋论者和神经学家史蒂文·诺维拉所说，矛盾的证据增强了信徒的地位。它被视为阴谋的一部分，而丢失的证据被视为掩盖事实的一种手段。

这有助于解释奇怪的、古老的和古怪的信仰是如何抵制科学、理性和真实报道的。随着互联网搜索变得更容易，搜索范围更广泛，也就为这些千奇百怪的伪科学提供了各种贬损证据的安全港。这就解释了为什么民意调查显示，自20世纪80年代以来，只有大约39%的美国人相信进化论，尽管每天都有更多的证据被添加到网上海量的证据中。“逆火效应”大概也导致了相信全球变暖的人数急剧下降，对全球变暖的接受者从2006年的77%下降到2012年的67%。毫无疑问，“逆火效应”还使人们很难扼杀蓬勃发展的反疫苗运动，尽管数百万美元的研究表明接种疫苗是安全的。

据《福布斯》（*Forbes*）报道，2012年暴发了70年来最严重的一次百日咳，就是反疫苗活动人士面对疫苗有效性证据的不间断质疑造成的。

在这些问题上，你可能认为自己是一个通情达理的人。你不觉得自己是个傻瓜。你认为打雷不是某位天神在打7号和10号位技术球。你的信念是理性的、合乎逻辑的、基于事实的，对吗？好吧，考虑一个像打屁股这样的话题。这个做法是对还是错？它是无害的还是有害的？是懒惰的教育还是严厉的爱？科学已经给出了答案，这我们稍后再谈。现在，尽情琢磨一下你对这个问题的情绪反应，你便会发现：你愿意改变观点，愿意通过许许多多的方式来获得启发，但是你还是想回避一些话题。你还记得上次通过网络跟某些人争论或者见证其他人争论他们自以为了解的医疗改革、枪支管制、同性婚姻、气候变化、性教育、反毒品战和乔斯·韦登，或者通晓0.9999的无限次重复等于1的情景吗？

你给对方上了宝贵的一课吗？你痛骂了他们之前的愚昧无知，摘下了他们虚拟的帽子，让他们弄清楚了那些复杂的问题，离开键盘时变得比之前优秀了，他们对你表示感激了吗？

情况大概不是如此。大多数网络争论都遵循类似的模式：每一方都发动攻击，拼命从网络上收集证据，以支持自己的观点，直到一方出于挫败感而发动全面的人肉式原子轰击。如果你足够幸运的话，你的评论会及时中止，以保持你的尊严，或者旁边的评论者会帮助你搜到了大量文本，反击了对手。

关于“逆火效应”的研究应该表明，你永远不可能在网上赢得一场辩论。当你开始拿出事实、数据、超链接和引用时，你实际上是在让对手感觉比与你开始辩论之前更相信自己的观点。当他迎合你的辩论热情时，同样的事情也会发生在你的脑袋里。“逆火效应”会让你们双方都更深入地坚定自己最初的信念。

气象学家约翰·库克（John Cook）和心理学家史蒂芬·勒万多斯基（Stephan Lewandowsky）在他们出本的《揭穿手册》（*The Debunking Handbook*）一书中写道：“一个简单的神话比一个过于复杂的纠正更能提高你的认知能力。”很多研究都支持这个建议。一系列的陈述越困难，你对这些陈述的信任度也就越低。在元认知过程中，也就是对你的思维进行思考的过程中，如果你后退一步，注意到考察观点的一种方式比另一种容易得多，你会倾向于用更简单的方法来处理信息，然后直接跳跃到你认为很可能正确的结论。在两个事实并排放置的实验中，与用花体字印刷，配上难以辨认的彩色图案的陈述相比，受试者更倾向于认为简单易懂的陈述是真实的。同样，一大堆占据一整页纸的反驳似乎还不如一个简单有力的陈述更能说服反对者。

你有没有注意到这样一种特殊的倾向：你往往情不自禁地喜欢别人的称赞，而别人的批评会让你感到崩溃？你也许会对众多的正面评价视而不见，而一条“你很烂”的评价就足以在你的脑海里萦绕多日。针对出现这种情况以及“逆火效应”的原因，科学家做出了这样一个假设：你花在考虑你不赞同的信息上的时间比花在考虑赞同的信息上的时间要多得多。与你既有的信念相符的信息就像水蒸气一样悄无声息地穿过你的大脑，但是当你遇到与你对世界如何运作的先入之见相冲突的东西时，你就会敏锐捕捉并注意到。一些心理学家推测这可以用进化论进行解释。你的祖先更关注负面刺激，花更多时间思考负面刺激，而不是正面刺激，是因为不好的事情需要做出回应。那些无法应对负面刺激的人会面临死亡。

1992年，彼得·迪托（Peter H. Ditto）和大卫·洛佩兹（David Lepez）进行了一项研究，要求受试者将一张小试纸浸入自己的唾液中。这篇论文并没有什么特别之处，但心理学家告诉一半的受试者，如果他们在未来更有可能患上胰腺疾病，那么试纸就会变成绿色，而另一半受试者则被告知，如果他们没有任何疾病，试纸就会变成绿色。两组受试者都被告知，反应时间大约需要20秒，但实际上，纸张永远不会变成绿色。那些被告知如果他们没病试纸会变成绿色的人，等待结果都大大长于研究者告知他们的20秒。当发现试纸没有变颜色时，52%的人重新进行了测试和确认。另一组受试者，也就是纸条变绿对他们来说是个坏消息的人来说，他们大多只等20秒就结束了实验，只有18%的人重新测试做确认。

当你读到一个负面的评论，当有人对你喜欢的人恶评，当你的信念受到挑战，你会仔细研究数据，把它们拆分开来寻找弱点。认知失调锁住了你思维的齿轮，直到你解决完问题为止。在这个过程中，你会形成更多的神经连接，建立新的记忆，并为之付出努力——一旦你最终继续前进时，你对最初的信念会比以往任何时候都更加坚定。

“逆火效应”会不断地塑造你的信念和记忆，让你在一个心理学家称之为“偏见同化”的过程中始终倾向于选择某个方向。

数十年对各种认知偏见的研究表明，你往往是通过一个厚厚的可乐瓶镜头来看待这个世界，而这个镜头是由信念铸造，被态度和意识形态熏染而成的。科学家们让人们观看鲍勃·杜尔和比尔·克林顿在1996年的辩论，他们发现支持者们倾向于相信他们中意的候选人会赢得辩论。2000年，心理学家研究了莱温斯基丑闻期间克林顿的支持者和反对者，发现克林顿的支持者往往认为莱温斯基是一个不值得信任的家庭破坏者，很难相信克林顿在宣誓后会撒谎。当然，那些憎恨者的感觉恰恰相反。时间快进到2011年，福克斯新闻（*Fox News*）和微软全国广播公司（MSNBC）正在争夺有线电视新闻市场份额时的争斗中，这两家公司都承诺，他们的观点永远不会挑战公众的某一部分信仰。由此，“偏见同化”得到了保证。

1997年，杰弗里·门罗和彼得·迪托事先编造了一系列虚假的科学研究论文。其中的一组研究论文表明，同性恋可能是一种精神疾病。另一组研究论文则认为同性恋是正常和自然的。然后他们将受试者分成两组。其中第一组受试者认为同性恋是一种精神疾病，而第二组受试者则不这么认为。然后，每一组受试者都阅读了这些虚构的研究成果，这些虚假的事实和数据暗示受试者的世界观是错误的。在阅读了不支持他们自己观点的研究论文之后，大多数人都没有报告说他们顿悟了，也没有意识到他们这些年来一直是错的。相反，他们说这个问题是无法用科学理解的。当被问及打屁股或占星术等其他话题时，这些人表示，他们不再相信能通过科学研究来确定真相了。面对事实，他们不但没有放弃他们的理念，反而选择了完全拒绝科学。

科幻小说曾经记载过你现在生活的未来场景。过去的书籍、电影和漫画小说中，都描述过在数据流中冲浪的网络朋克们，描写过加入了你周围各种信号和频率的个体通信者。短篇小说和午夜多媒体播放器的闲聊预示着一个时代，只要你们一声令下，就可以看到人类的全部知识和艺术成果，而一切想观看数十亿人生活的人，都能如愿。

所以，在未来，你会被电脑包围，电脑可以向你传达人类知道的每一件事，提供完成任何任务的指令，说明掌握任何技能的步骤，解释人类迄今为止知道的每一件事的来龙去脉。这个曾经想象的地方现在变成了你的日常生活。

如果承诺的未来现在就在眼前，为什么它不是科学和理性的最终胜利？你为什么不生活在一个社会、政治和科技天堂里，一个现实世界的乌托邦，一个充满着分析思维的天堂，一个没有连衣裤和荧光发带的世界，在那里所有人都知道真相？

在你和你的充满微处理器和紧身牛仔裤的世外桃源之间，存在着大量的偏见和错觉，其中有一个巨大的心理怪兽，被称为“逆火效应”。它一直存在，干涉你和你的祖先理解世界的方式，但互联网释放了“逆火效应”的潜力，增强了“逆火效应”的声音，而多年以来，你却一直没有变得更明智。

随着社交媒体和广告业的发展，“确认性偏见”和“逆火效应”将越来越难以克服。你将有更多的机会去挑选进入你大脑的信息，以及进入你大脑的信息的渠道。像脸书（Facebook）这样的服务器已经将算法加入到你看到的帖子里面，这样在它们为你筑造的围墙花园中你所看到的内容是符合你的心意的。此外，广告商也会一如既往地改编信息，不但根据他们对你的了解来制作广告，而且还会根据迄今为止对你有效和无效的信息动态地制定广告策略。未来的媒体可能不仅根据你的喜好，还根据你表达喜好的方式，你的成长之地，你的情绪，一天或一年中的某个特定时间——根据你身上每一个可以被量化的元素来向你提供信息。在一个能够提供你所有想要的一切的世界中，你的信念可能永远不会受到挑战，即使它们受到质疑，你也会退回到虚假的证据泡沫中，比以前更容易反驳那些质疑。

就在贝拉克·奥巴马登上总统讲台向全世界宣布奥萨马·本·拉登已死的几小时之前，推特上就被每秒3000个剧透信息刷屏。在官方宣布之前，脸书网站的新网页、一些快速致富的网站，以及数百万封电子邮件、短信和即时消息，都在官方公布消息之前，纷纷公布了这件事情。新闻报道铺天盖地，评论纷至沓来，搜索引擎白热如火。当晚7点30分到8点30分之间，谷歌网站搜索本·拉登的次数比前一天增加了100万次。

这是一个令人眼花缭乱的展示，它表明了自2001年9月以来，信息交换的世界发生了多么巨大的变化。信息交换始终都在以一种可以预见的，也可能永远不会改变的方式进行。公布海豹突击队第6分队的那次行动后的几分钟内，全世界都纷纷要求公布本·拉登的头部的照片，怀疑把本·拉登海葬的言论，各种阴谋论开始在互联网上此起彼伏。几天后，当大家得知官方不会公布照片证据时，“阴谋论”便像是长了腿，离开了海洋，并演变成各种自我维持的、不可揭穿的生命形式。

倘若要求你以新的方式看待世界，你的大脑就必须出现真正的生理变化来接受这些新信息。神经学家凯文·邓巴（Kevin Dunbar）就证明了这一点。他对学生进行脑部扫描，并向他们展示了反驳他们理论的研究。他先确定了学生们对抗抑郁药有效性的看法，然后扫描学生们的大脑，给他们看一些数据资料，这些数据要么支持要么否定了他们既有的观点。当数据与他们的观点一致时，邓巴发现学生大脑中与学习相关的区域活跃起来，并且流入了更多的血液。当学生们看到的信息与他们既定的认知不相符时，他们大脑的学习区域并没有被激活，相反，与努力思考和思维抑制相关的区域显示出更多的激活活动。根据邓巴的观点，你不应该指望人们仅仅因为你向他们提供了与他们的误解相矛盾的事实就会改变他们的想法。如果你这样做了，那些大脑就会阻止学习的发生。好消息是，邓巴的研究表明这种运作方式也可能产生积极的结果。在对即将获得物理学学位的学生进行的研究中，他发现，当他们观看的视频展示了通常持有的关于重力和运动的误解时，大脑中也会出现同样的思维抑制和努力思考的活动。他们以同样的方式抑制了他们原有的、天真的直觉，就像其他学生一样来阻止自己接受新的思想。非物理专业的学生没有同样的反应。这表明，人们可以接受真相，但这需要花费很长时间，你不应该指望一次争论或一次谈话就能改变人们的错误认知。

随着信息技术的发展，当涉及信仰、教条、政治和意识形态时，你最有可能参与的行为似乎是一成不变的。在一个新知识蓬勃发展的世界里，在对人类经验的每一个要素都有科学见解的世界里，就像大多数人一样，你仍然会挑选和选择接受什么，即使它是基于上百年实验研究形成的。

那么，应当如何看待“打屁股”这件事情呢？读完这些，你认为你已经准备好了解科学对这个问题的看法了吗？事情是这样的：心理学家仍在研究这个问题，但是目前的想法是，打屁股能够使得七岁以下的儿童产生顺从心理，条件是不经常打屁股，且在私下进行，只能用手打屁股。现在，这里有一个小小的纠正：其他修正行为方式，例如正强化、代币奖励、计时隔离等也是非常有效的，且不需要任何暴力。

读了以上这些分析，你可能会产生强烈的情绪反应。现在你知道真相了，你的看法是否有所改变了呢？

4. 本杰明·富兰克林效应

误解 你为自己喜欢的人做好事，为你讨厌的人做坏事。

真相 你会喜欢上那些你为之做好事的人，讨厌那些你伤害的人。

本杰明·富兰克林懂得如何对付讨厌他的人。

本杰明，生于1706年，在家中17个孩子中排行第八，父亲是马萨诸塞州的一位肥皂和烛台制造商。按理说，本杰明日后成为一个绅士、学者、科学家、政治家、音乐家、作家、出版商和全才坏蛋的概率微乎其微，但是他日后真的成了那样的人，而这是由于他是一个政治博弈的高手。

和许多出身低微、胸怀大志、智慧超群的人一样，富兰克林具有很强的人际交往能力和社交能力。他的头脑善于分析，拒绝承认一切，挑选出人们的行为作为分析对象，这使得他变得善于处理人际关系。从很小的时候起，他就善于言辞，擅长谋划，惯用计谋，具有令人信服的个人魅力。他积累了许多秘密武器，其中之一就是“本杰明·富兰克林效应”（Benjamin Franklin effect）。这一理论，无论在18世纪30年代还是现如今都同样有用，并依然有悖于直觉。为了理解这一概念，我们先退回到1706年。

富兰克林前程暗淡，有着17个孩子的约西亚和亚比雅·富兰克林只能承担起本杰明两年的学费。他们让他工作赚钱。富兰克林12岁时给他的哥哥詹姆斯当学徒，詹姆斯是波士顿的一名印刷工。印刷工作给富兰克林提供了阅读书籍和小册子的机会。本杰明·富兰克林就像一个能够上网的邻居家的孩子，他博览群书，自学了可以从书本上学到的所有技能和学科知识。

富兰克林17岁时离开了波士顿，在费城开启了自己的印刷事业。21岁时，他成立了一个“互助俱乐部”的组织，取名为“共读会”（Junto）。这是一个索取知识的宏伟计划。他邀请像他这样的工薪阶层学者，将他们的书籍汇集起来，定期交换思想和世界知识。他们写文章，诵读文章，举行辩论，想尽办法赚钱。富兰克林把“共读会”作为他的私人咨询公司和智囊团，他从其他成员那里得到一些想法，就可以写出和印刷更好的小册子。富兰克林终于在美国建立了第一家订阅图书馆，他写道，它将使“普通的商人和农民与其他国家的大多数绅士一样聪明”，更不用说让他们读到自己想买的任何书籍了。这真是一个天才的设想。

18世纪30年代，富兰克林已经在自己建造的信息高速公路上驰骋向前，源源不断的信息使他成为费城一位精明的政治家。富兰克林成了一位名人和企业家，还出版过报纸和历书。富兰克林在竞选州议会议员职位的时候，已经树敌不少，但他知道如何对付这些对手。作为一名政府职员，他能获取到来自新生政府的大量资料。他能记录并印刷公共档案、法案、选举投票数及其他官方文件。他还通过印刷国家纸币发了一大笔财。他赢得了竞选，但接下来的一次选举就不如前面一次那么容易。在富兰克林竞选那个职位的第二届任期时，他的一位同事向立法机关递交了一篇长篇演讲稿痛斥他。富兰克林的自传中从来没有提到过这个人的名字。即便如此，富兰克林仍然赢得了他的第二个任期，但是那个批评者真的惹恼了他。此外，这个人是“一个富有且有教养的绅士”，富兰克林相信他有一天会成为一个在政府有很大影响力的人。因此，富兰克林知道自己必须要应对他。

富兰克林本打算把他的敌人变成自己的粉丝，但他并不想“对他卑躬屈膝地表示尊重”。富兰克林作为图书收藏家和图书馆创始人的声誉提高了他的文学品味，所以富兰克林给这位讨厌他的人写了一封信，询问能否从他的藏书中借一本特定的选集，那是一本“非常稀有罕见的书”。对手受宠若惊，马上把书送了过去。一个星期后，富兰克林送还了那本书，还写了一封感谢信。在下一次州议会开会的时候，那个人主动朝富兰克林走过去，第一次亲自跟他私下交谈。富兰克林说，这个人“从此以后在任何场合都愿意为我服务，因此我们成为好朋友，我们的友谊一直延续到他去世”。

这究竟发生了什么事情？请求帮助怎么能把一个“黑粉”变成一个“红粉”呢？请求一个人善待，怎么会使一个人改变对你的看法呢？“本杰明·富兰克林效应”到底是什么呢？这个问题的答案，与你做事的动机有着相当大的关系。

我们先从你的态度开始说起吧。态度是一个心理学术语，指的是你对一个人、一个话题、一种想法等所经历的一系列信念和感受，而不必形成具体的想法。我们来试试。例如：贾斯汀 · 比伯。你会有什么想法呢？

这就是你对他的态度——一连串的联想和感觉正在你的神经网络中快速流动。我们再来试试。阅读以下文字，然后闭上双眼：蓝莓芝士蛋糕。味道很不错吧？再试一个，原子弹。感觉又来了。大脑活动的雷暴云砧（thunderhead）正在告诉你对那个话题的感受。请问一下自己：你是如何形成这种态度的？众所周知，在心理学上，行为之“车”常常会放在态度之“马”的前面。

对于很多事情，你的态度来自行动。行动导致观察，观察导致解释，解释进而形成信念。你的行动往往凿掉你自身人物上的原始石料，雕刻出你日常体验的自我，但是你感觉不到这个过程。有意识的体验，就像是拿凿子雕刻的人正是你自己，而驱动你如此做的，正是你现有的思想和信念。这个过程就像一个穿着你的裤子的人，做出了一系列符合你个性的行动，但是有大量研究表明并非如此。你所做的事情通常会创造出你相信的事情。

在最低层次上，从行为到态度的转变始于印象管理理论。该理论认为，你把和你一样的人表述成你所希望成为的人物。你会购买能给你带来社会资本的东西，向你的同伴们展示，这样的行为被经济学家命名为“信号传递”。如果你住在美国南方腹地，你可能会买一辆高底盘皮卡和一套卡车用品。如果你住在旧金山，你可能会买一辆普锐斯和一个自行车架。无论你最容易获得的东西是什么，最宏伟的理想是什么，你都渴望描绘成为你自己的东西，如在汽车保险杠上贴上不干胶标签向世人表明：你属于这个群体，不属于另外一个群体。这些东西便影响你，把你变成了拥有它们的人。

作为一种灵长类动物，你热衷于社交暗示，因为这预示着你可能会被群体排斥。在野外，放逐等同于死亡。因此，你努力让自己归属于某个群体，因为被群体遗忘的感觉，作为群体中最后一名知情者的感觉，唯一一个没有被邀请参加聚会的感觉，对你的心灵来说都是一次次沉重剧烈的创伤。数百万年来，被排斥的焦虑，被当作局外人的焦虑驱动着数十亿人的行为。印象管理理论认为，你总是在考虑自己在别人眼中的形象，即使周围没有其他人，亦是如此。在没有旁观者的情况下，在你的内心深处有一面镜子反射你所做的事情。当你看到一个人的行为方式可能会让你从你的圈子里被踢出去时，你会产生焦虑，这种焦虑会驱使你设法重新结盟。但是，你的表现还是你的信念，是哪一个先出现呢？作为一名职场人士，你觉得穿西装有必要吗？或者在穿西装之后，你的行为举止是否符合职业规范？你是因为赞成社会福利计划才投了支持民主党的票，还是因为你投了民主党的票才赞成社会福利计划？研究表明：以上两种情况的原因都是后者。正如库尔特·冯内古特（Kurt Vonnegut）所说，"我们就是我们假装的样子，所以我们必须小心翼翼让自己的行为符合我们假装的人设"。你若成为某个集团的一员，或者成为某一流派的粉丝，或者成为某种产品的用户，所有的这些东西对你的态度的影响会超过你的态度对他们的影响。这是为什么呢？

自我认知理论认为，你的态度来自对自己行为的观察，你无法找出原因，于是你便想方设法理解这些行为的意义。你回顾某个场景，把自己看作是一名观众，试图理解你自己的种种动机。此时，你仿佛是自己行为的观察者，自己思想的见证者。基于这些观察，你形成了关于自己的信念。1993年，心理学家约翰·卡乔波（John Cacioppo）、约瑟夫·普利斯特（Joseph R. Priester）和盖瑞·伯森（Gary Berntson）证明了这一点。他们向不熟悉汉字表意文字的人展示汉字，并让这些受试者说明每个汉字是积极的还是消极的。有些人在查看卡片时，会把卡片一端从桌面上翘起，另一些受试者则会把卡片平铺在桌面上。

平均而言，被标注为褒义的汉字，受试者大多会把卡片一端向上翘起；而被标注为贬义的汉字，受试者大多把卡片平放在桌面上查看。这是为什么呢？因为一个人会无意识地将弯曲与积极的经历联系起来，从延伸联想到消极的经历。"推"和"拉"这两个动作能影响一个人的感知，因为从婴儿的时候起，你就把你想要的东西拉向你，把你不想要的东西推到远处。“repulse”这个英语单词本身的意思就是“赶走”。神经的联系既深刻又密集。自我知觉理论把记忆分为两种，分别是陈述性记忆和非陈述性记忆。你凭直觉就能理解陈述性记忆是如何形成、引导，以及向你提供信息的。一想到南瓜味松饼，你会感到温暖和模糊。自我知觉理论认为非陈述性记忆同样强大。你无法接触到它们，但它们在你的神经系统中跳动。你的姿势，房间的温度，你面部肌肉缩紧的方式——这些都在发送信息：你是谁，你在想什么——靠近是积极的，推开是消极的。自我知觉理论表明，你无意识地观察自己的行为，然后用一种愉快的方式解释它们，但你并不理解它们。本杰明 · 富兰克林的对手发现自己把这本珍贵的书送给了对手，这是一种慷慨而积极的行为，然后他下意识地向自己解释了自己的行为。他想，他一定根本就没有恨富兰克林，要不然他为什么会把书借给富兰克林呢？

许多心理学家通过“认知失调理论”的透镜，对本杰明 · 富兰克林效应进行解释。这个庞大的理论由成千上万项研究构成，它们说明了各种心理障碍问题，如确认性偏见、后见之明偏见、逆火效应、沉没成本谬误等，但作为一种普适性理论，它描述了你每天都在经历的事情。

有些时候，你无法对自己的行为做出一个合乎逻辑的、被道德和社会接受的解释。有时你的行为与你的文化，你的社会群体，你的家庭，甚至是你对自己心中的预期背道而驰。在那些时刻，你会问道，“我为什么要那样做？”如果这个问题的答案伤害了你的自尊，那就需要找一个正当的理由。你的感觉就像你脑袋里的一袋沙子破裂了，沙子填满了你大脑的每个角落，你想要摆脱这种感觉。你可以从一个人的核磁共振扫描中找到证据，它能表明人们听到与其政治观点相冲突的观点时的大脑状态。对一个人的脑部扫描图像表明：当听到反对他的政治立场的陈述时，大脑皮层的最高区域——负责提供理性思考的区域——血液会减少，这种情况持续到听到符合他的信念的另一种陈述为止。当你觉得你的意识形态受到威胁时，你的大脑就会开始关闭。你可以自己试试，盯着一个你讨厌的专家看上15分钟，一定要克制住你想换人的冲动。不要向你旁边的人抱怨，不要上网吐槽，就这样撑过去，你会发现这是极其困难的。

卡罗尔·塔夫里斯（Carol Tavris）和埃利奥特·阿伦森（Elliot Aronson）在他们关于认知失调的著作《错不在我》（*Mistakes Were Made*）一书中，描述了著名心理学家利昂·费斯廷格（Leon Festinger）的事迹。他在1957年混入了一个被称为"世界末日"的邪教教派。该教派的头领是多萝西·马丁（Dorothy Martin），她自称为"西德拉修女"（Sister Thedra）。1954年12月21日，一艘外星宇宙飞船会载着她及她的追随者们离开地球，此后一场巨大的洪水会把整个人类淹没。随着日子的临近，她的许多追随者放弃了他们拥有的一切，包括他们的家。费斯廷格想知道如果宇宙飞船和洪水没有出现时会发生什么。他做出了假设，那些追随者们要么把自己看作是愚蠢的乡巴佬儿，要么认为是他们的信仰拯救了他们。这个教的成员是否也会像之前许多其他团体在类似的情况下表现的那样，在世界末日之后也会秉持着他们的怪异信仰，甚至比之前更加狂热呢？他们当然如此。当足够长的时间过去后，他们可以肯定不会有宇宙飞船来了。他们开始与媒体联系，告诉他们一个好消息：他们的正能量已经说服了上帝来拯救地球。他们曾经不知所措，但是后来找到了冷静下来的方法。费斯廷格把他们高度兴奋的状态视为一种特殊形式的焦虑：认知失调。一个人在产生这种状态时，就像有两个互相对抗的信念在精神酒吧里搏斗，他们撞翻了椅子，还把瓶子砸向对方的脑袋。这种感觉十分可怕，并且将一直持续到一种信念击垮另一种信念为止。

费斯廷格继续研究在受控环境中的认知失调。他和他的同事贾德森·米尔斯在斯坦福大学开展了一个实验，他们邀请学生们加入一个专门研究性心理学的俱乐部。他们告诉学生，要想进入俱乐部，必须通过入门培训。他们暗中将申请者分成两组，一组成员向一位科学家朗读一本词典中的性术语；另一组朗读有史以来最著名的浪漫小说《查泰莱夫人的情人》里的整段文字。正如塔夫里斯和阿伦森所指出的，当时是20世纪50年代的美国，不管哪种任务都是非常尴尬的。但是大声朗读充满F-和C-字眼的性爱场景的第二组则更为尴尬。入门培训过后，向两组人员播放了一段录音，内容是刚刚获得俱乐部资格的人员的那种小组讨论。科学家们确保他们听到的讨论尽可能的枯燥、乏味和无趣，为了保证这一点，他们把性话题局限于鸟类的交配习惯上。然后，他们让学生给录音内容评分。朗读词典的那组学生告诉费斯廷格，性心理俱乐部一无是处，他们可能不想再继续参加。经历了更为痛苦的入门培训的朗读浪漫小说的那组学生，却表现得非常兴奋，对此也很感兴趣，他们甚至迫不及待地期待接下来发生的事情。同样的录音，得到了两种不同的结果。

费斯廷格和他的另一位同事J. 梅里尔·卡尔史密斯（J. Merrill Carlsmith）在1959年推动了这项研究，这项研究至今被认为是里程碑式的研究，它开启了对这一现象长达40年的调查，这项研究一直持续到今天。

斯坦福大学（Stanford University）的学生们报名参加了一项为时两小时的实验，它是通过一门课程必须要参加的考试，被称为“成绩考评”（Measure of Performance）。研究人员将他们分为两组，一组学生被告知他们将得到1美元（相当于今天的8美元）作为报酬；另一组被告知他们将得到20美元（相当于今天的150美元）作为报酬。科学家们随后解释说，学生们将通过评估一项新实验来帮助改进研究部门工作。然后，他们被带进一个房间，在那里他们必须用一只手把木线轴放到托盘里，然后再逐个把它们拿走。半小时后，任务变成在一块平板上顺时针旋转四分之一圈的方形木栓，每次旋转半小时。一名实验人员全程监督并记录这些人的表现。那一个小时可谓是极度无聊的，并且还有一个人在一边监督且不停地记笔记。一小时后，研究人员问这名学生是否可以在离开学校的时候帮个忙，让他告诉在外面等着的下一个要执行任务的学生，这个实验非常有趣。最后，在撒过谎之后，两组学生（一组学生口袋里有1美元，另一组学生口袋里有20美元）分别填写了一份调查问卷，询问他们对这项研究的真实感受。你认为学生们会说什么呢？给你一个提示：一组人不仅对在外面等待的人撒谎，还说他们喜欢反复摆弄那些小木块儿。你认为是哪一组学生把谎言内化了呢？平均起来，获得1美元的人报告说这项研究非常有启发性。那些获得20美元的学生则报告说，他们刚刚经历了一些令人震惊的无聊的事情。为什么会有这样两种不同的说法呢？

根据费斯廷格的解释，关于那一个小时的体验，两组都撒了谎，但只有一组感到了“认知失调”。得到20美元的那组学生似乎在想：好吧，我撒了谎，但是他们支付我很多的钱，所以……不用担心。他们心中的不适快速、轻松地被外部的合理化解释消除了。而得到1美元的那组学生没有从外部找到合理化解释，所以他们转向内心。他们改变他们的信念，来给他们灼伤的大脑涂上药膏。正因为如此，无偿志愿者会感觉良好，无薪实习生工作起来会非常卖力。没有明显的外部奖励时，你就会创造出内心的奖励。

这就是认知失调的循环圈，以一种更令人满意的方式看待这个世界，使得对“你是谁”这个问题的困惑得到解决。正如费斯廷格所说，你使“你的世界观适应你的感受，并与你的行为保持一致”。当你对自己的行为感到焦虑时，你会试图通过创造一个幻想世界来降低焦虑，在这个世界里你的焦虑不复存在。于是，你就会相信幻想就是现实，就像本杰明·富兰克林的那个对手一样。他不可能把一本珍贵的书借给一个他不喜欢的人，所以他一定是喜欢那个人的。这样问题就解决了。

那么，“本杰明·富兰克林效应”本身是否得到过验证呢？1969年吉姆·杰克尔（Jim Jecker）和大卫·兰迪（David Landy）在费斯廷格的研究基础上开展了一项实验。他们让演员扮演成一位主持研究的科学家和一位科研助理。受试者进入实验室，以为自己将完成一项心理测试，并由此而获得报酬。那个假扮成科学家的演员试图通过粗鲁和苛刻等各种方式来让实验对象讨厌他。不管怎样，每个受试者都成功通过了12次测验，并得到一些零花钱。实验结束后，那位令人讨厌的演员让受试者走上楼梯去填写一份调查问卷。就在这时，演员让三分之一的人停下来，要求他们退回支付给他们的钱，然后离开。演员并且告诉他们说，他是自掏腰包为这个实验买单的，他很想支付给每个受试者报酬，但是这项研究的资金已经告罄。这些受试者都同意了。另外三分之一的人离开房间，在一个假装是科研助理的演员面前填写调查问卷。就在他们准备回答问题的时候，助理问这组人是否愿意把他们赚的钱捐给研究部门，因为研究部门资金短缺。同样，这些受试者也都同意了。最后三分之一的人没有受到任何阻扰，带着他们赚的报酬离开了。

上述实验的真正目的是想了解一个问题：受试者在帮了那个混蛋研究员之后对他的看法如何。问卷调查测试了受试者对研究员的喜爱程度，从1分到12分不等。从平均分来看，那些带着报酬离开的受试者给他打了5.8分，把钱捐给助理的受试者给他打了4.4分，而把钱退还给研究者的受试者则给他打了7.2分，这表明“本杰明・富兰克林效应”使得这一组人更喜欢研究者，且喜欢程度要比另外两个受试组高出很多。

本杰明・富兰克林的对手在帮了富兰克林一个忙之后就开始喜欢他了。可是，如果此人伤害过富兰克林，结果又会怎么样呢？1971年，心理学家约翰・舒普勒（John Schopler）和约翰・康普雷（John Compere）请学生们协助完成了一个实验。他们让受试者扮成教师，对假装成学生的同伴进行学习测试。学生被告知，要认真聆听老师用木棍在一组木制立方体上敲出一段节奏，然后要求重复敲出那段节奏。每位老师要用两种不同的方式对待两组不同的学生，每次一组。在第一轮测试中，当学生成功敲出正确的节奏时，老师会给予鼓励。在另一轮测试中，学习者如果把事情搞砸，老师会对他进行侮辱和批评。之后，教师们被要求填写一份简要的任务报告问卷，其中包括关于学习者的魅力和可爱程度的问题。总的来说，老师们认为那些受到侮辱的学生的人格魅力不如那些得到鼓励的学生。教师们的行为创造了他们的感知。你倾向于喜欢被你友善对待的人，而不喜欢被你粗鲁对待的人。从斯坦福大学的监狱实验到阿布格莱布监狱，再到集中营，再到流血受伤的士兵们的态度，大量的证据表明，行为能够创造态度，帮助他人的行为能够创造态度，伤害他人的行为亦是如此。狱卒鄙视囚犯，集中营的看守不把俘虏当人看，士兵们给敌人冠以各种贬义词。你很难伤害被你欣赏的人，杀死一个人类同胞更加困难。当把受到你严重伤害的人看作是某种身份不如你的事物，应该受到伤害时，你就有可能继续把自己看作是一个善良诚实的人，继续保持清醒理智。

“本杰明·富兰克林效应”是你的自我概念受到攻击的结果。每个人都扮演着各自的角色，而这个角色之所以存在，是因为你个人叙述中的不一致会被重写、修改和误解。如果你和大多数人一样，有着很强的自尊心，并且倾向于认为自己在任何方面都高于平均水平。它让你不断进步，使你存活下来，所以当你无法理解你自己的行为原因时，你就会虚构一个故事，为自己塑造一个正面形象。如果你处于自尊光谱的另一端，那你就会倾向于认为自己是不值得尊重的，毫无价值而言。塔夫里斯和阿伦森说道，此种情况下，你会重写自己的行为，把自己塑造成一个无能者、不正常的人，或者你自己认为的任何一种失败者的形象。成功会让你感到不自在，所以你会把成功归因于侥幸。如果人们对你很好，你就会认为他们别有用心或者是什么地方搞错了。不管你喜欢还是讨厌你的角色，你都在保护着那个让你感到舒适的自我。当你观察自己的行为时，或者感受到外人的目光时，你就会虚构事实，使得它们符合你的期望。

要时刻注意“本末倒置”的现象，注意什么时候痛苦的开端导致了非理性的虔诚，或者什么时候不合心意的工作变得有意义。要时刻提醒自己，誓言和承诺是有力量的，就像制伏和游行一样。记住，在没有外在奖励的情况下，你会寻找或创造内在奖励。要考虑到：为你的决定付出的代价越高，你就越重视它们。你会发现，随着时间的推移，矛盾心理会变得异常肯定。要意识到，一旦你对一个团体、俱乐部或产品做出承诺，你对它们的不冷不热的感觉就会升温。小心你扮演的角色以及你的行为，因为你倾向于完成你所接受的标签。最重要的是，你给某人造成的伤害越多，你就越讨厌那个被你伤害的人；你对某人表达的善意越多，你就会越喜欢你帮助的人。

富兰克林在他的《自传》中这样总结道：“这个例子又一次证明了我学到的一句古老格言：‘比起应当善待你的人，善待过你的人更愿意再次善待你。’这表明了，比起怨恨、反击和持续做出敌对行为，明智地退让会有益得多。”

5. 外部动力错觉

误解 你总是知道什么时候你能把事情做得最好。

真相 为了维持你的乐观主义，你经常错误地相信外部力量。

当你感到快乐时，你很少会后退一步，从元认知的角度思考一下，虽然只有这样你才能意识到：使你感到快乐的是你的大脑。

你认为，你快乐的原因是刚吃了一个青柠檬纸杯蛋糕。但你很少会想，我很高兴，是因为我的大脑告诉我要高兴，因为我刚吃了一个青柠檬纸杯蛋糕。只看这两句话，可能会令人困惑。那么，当你思考你是谁的时候，你想到的是你的整个大脑和身体，还是只想到了其中的一部分？你大概会想到你的全部身心。尽管神经科学每年都恳切地要求我们：应当把我们的意识看作大脑产生全部思维的一部分，但这并不能被你轻易接受。

你坐在这里阅读这篇文章的时候，你会觉得你就是你想象中的那个自我，那个控制着你的身体的自我，那个体验着物质和无形、触觉和情感的输入的自我。你是思考者，你是感觉者。然而，在某些情况下，你的那些拥有感和意志就可以被操纵并被彻底改变。事实上，在你的一生中，有时你会把你的情感归功于你想象出来的来源。如果你还是有些疑惑，请稍停留片刻再做思考。我知道这个说法令人皱眉，但在实验室里，科学家却能向你证明：你有时不能说你就是那个对自己的思想和情绪负责的人。不仅如此，还可能将这些感觉的来源转移到其他人或其他事情上。

在心理学中，认为事件背后有思维存在的观点被称为“动力”。每个人的大脑中都预先安装了一个动力探测系统。最常见的例子：想象自己身处丛林。你听到树叶沙沙作响。这究竟是风还是老虎？不管怎样还是不要耽搁，所以让我们假设这是一只老虎，马上做出“战斗还是逃跑”的选择，做出反应：屏住呼吸，等待它朝另一个方向走。由未知的力量（可能是有意识的、饥饿的事物）引起的那种默认的感觉，就是动力感。这就是为什么你发现自己很难忽略夜间可疑的撞击声。你的一部分会要求另一部分去调查，以防噪声的背后会藏有某种动力。对大量令人毛骨悚然、神秘、怪异和无法解释的现象的调查背后的驱动力是人类的本能，不管是否有足够的证据，都会假定所有令人毛骨悚然的事情背后一定有某种动力的作用。

你不只是假定外部力量的动力，还假定你自己行为后面的动力：那个动力就是你自己。你自然地认为既然是你自己决定移动自己的手臂，那么这个决定后面的动力就是你自己；是你自己说出了某些话，那么这些话后面的动力也是你自己。乍一看言之有理，但它却不是一个完善的系统。事实上，它是你最常见和最不易察觉的认知错误之一。你并不是总能辨识出自己的动力，只要有一点改动，这个系统就会被搅乱。为了理解这一点，让我们先来简述一下“自我欺骗”是如何构建的。

你们可能还记得前文中我们提到过，“情感”是一个专业术语，指的是你对情感状态的主观体验。在心理学中，预测情感未来的行为被称为“情感预测”。现在如果有人出现在街角处，递给你一片草莓馅饼，对你的相貌大加赞美，朗诵一首诗来描述你这一周的日常生活，然后又拥抱你，随后离开你去洗了你攒了一周未洗的衣服，这会让你产生什么感觉？刚才的那些事儿让你做出了预测，就是情感预测。在数百项研究的过程中（这些研究始于当人们可以穿着亮片连体衣去夜店时还不被非议的时代），我们发现，你真的不擅长情感预测。你有着强烈的偏见，会高估好结果和坏结果对你未来情绪的影响。当你想象一件好事，比如中了彩票，或者一件坏事，比如车祸，你对这些事情发生后的感觉的预测往往是错误的。心理学家说，这就是你的影响偏见。你有偏见，使你过分高估未来事件对情感的影响。就像天气预报员告诉观众的小雨可能会引起倾盆大雨一样，你内心的情绪预报员总是对你的心灵的未来做出不成比例的预测。因此，你的影响偏见会污染你的情感预测，使预测的准确性大大降低。

1978年，心理学家菲利普·布里克曼（Phillip Brickman）和他的同事们对许多彩票中奖者和瘫痪事故受害者进行了调查，询问他们的整体幸福感。结果发现，不仅这两组之间，而且这两组和普通大众之间，他们的幸福感几乎没有什么不同。一种幸福内稳态防止了瘫痪事故受害者变得抑郁，同时也防止了彩票中奖者得意忘形。随着时间的推移，他们的脑子里发生了一些事情——向均值的回归。他们就像鱼线上的浮标一样，无论他们的情绪有多低落，有多高涨，他们的情绪最终都会回到稍高于中点的先前状态。极端情绪消退的时间各不相同，但对大多数人来说，两三个月就足够了。布里克曼创造了一个术语来描述这种现象：快乐跑步机。

好了，让我们言归正传。“情感预测”和“快乐跑步机”都是一种更常见现象的一部分，这个现象被称为“心理免疫系统”。当你感觉被拒绝、损失、羞耻、羞辱、无力和所有其他一切负面情绪状态伤害时，你的大脑就会产生一种巨大的心理治愈能力。如果你搬到一个新的州开始一个新的职业生涯，开始了新的工作，却在孩子上学的第一天就被解雇了，即便如此，你还是很快适应了这个变化。即使你的房子连同你收集的所有停产的晕机袋一起烧毁了，你也会很快就对失去房子和这些收集物用平常心处之。如果你在国家电视台上摆弄纳斯卡（秘鲁伊卡省东南部一个古镇）陶器的仿制品时拉了一裤子，你的羞耻感会很快消失。当然，你在预测未来的时候从不会预想到这些，更不用说比这再可怕的事件，因为你着实不擅长情感预测。

心理免疫系统中最有可能导致自我欺骗的一个组成部分被称为“主观最优化”。要想真正变得不那么笨，你需要了解它是怎样迫使你相信本该相信的东西的。

你的朋友怀孕了，为了嫁给那个跟她亲热过一次的家伙，她放弃了去护理学校的机会，搬走了，后来她又为那家伙生了一个孩子后，那个家伙就和她离了婚。接着又遇到了另一个人，并嫁给了他，这个人在自己家里开了一个犬类诊所，使得整座房子都充满了烧焦肝脏的味道。她永远不会知道，离开学校而不继续上学是不是一个正确的决定，但她似乎认为那是正确的。当你和她说话时，她说她的生活再好不过了，但她怎么知道这是她的最好生活呢？我的朋友们，这就是心理学家所说的“主观最优化”——把现在的生活看成是最好的。一旦你学习了主观最优化，你就会发现它就像海维提卡字体一样无处不在。当然，这不包括你自己，你在自己身上是看不到的。当你发现自己处于一个难以摆脱的困境时，你就有能力将不幸转化为幸运。就像你的心理免疫系统中发生的其他事情一样，你的有意识的头脑也完全察觉不到“主观最优化”的存在。

“主观最优化”补偿了酸葡萄心理，即倾向于把你不能拥有的东西看成你不想要的东西。“主观最优化”使你相信：你一直拥有的东西，都比你得不到的东西更好。打个比方，“主观最优化”就是把柠檬变成柠檬汁的过程。不知不觉中，你的自动系统会迫使你注意到坏结果的光明面。你得到了精神柠檬水，并开始享用它，但你从来没有看到被挤的柠檬。

心理学家丹尼尔·吉尔伯特（Daniel Gilbert）和简·詹金斯（Jane Jenkins）在1999年的一项研究中发现，“主观最优化”可以拯救那些处于失落状态的人。他们在哈佛大学开设了一门摄影课，对学生们来说，这门课似乎是一门关于如何使用照相机和冲洗胶卷的普通课程。每个学生的任务都是出去拍一些他（她）想要记住的大学生活的照片。学生们都拍出了准备冲洗的12张照片，老师告诉他们挑选两张底片，然后放大成8×10英寸的照片。当他们面前摆放着两张放大了的漂亮而有意义的照片时，学生们就被告知只选一张留下来。另一张要交给老师，作为完成作业的证明，并且照片不会被退回。第一组学生被告知必须马上做出决定，但第二组被给予了一定的犹豫期，允许他们改变主意，多少次也可以。这项实验很久后，做了一项调查，那组被迫做出选择的学生都说他们喜欢自己的选择，而那张不得不舍弃的照片，早被遗忘掉了。而那些留有犹豫期的学生，则都觉得自己当初好像选错了。他们一直在纠结，或许以后永远纠结：他们留下的那张照片，是否比他们不得不放弃的那张更好。他们渴望时间倒流，以改变他们的选择。研究人员得出结论，在不可改变的情况下，你更有可能做出“主观最优化”，把柠檬变成柠檬汽水。没有选择的人，日后都会感到幸福；做出了选择的人，日后却不开心。陷入毫无希望的绝境中，往往能激发“主观最优化”。

据说，在当今这个工业化、物质丰富的世界里，没有什么是被限制在一两个选项里的，所以自己的快乐能力受到了限制。去亚马逊上搜一下回形针，你会发现有两千多种选择。花生酱呢？快速搜索一下，你会找到近五千种产品，从奶油味的、块状的，到单独包装的、液体状的。想花钱的方式很多，令人眼花缭乱，充斥于你生活的方方面面。正如心理学家巴里·施瓦茨在他的《选择的悖论》一书中所指出的那样，就在一百年前，你对职业、配偶和家乡的选择还很有限，与今天的选择相比几乎没有选择。这种选择的缺乏对人类来说是真实的，一直追溯到你的鱼一样的祖先。人类历史上的大部分时间都被禁锢在一个几乎没有选择机会的生活中，要么留在基因库里，要么被踢出基因库。因此，你进化出了一种巧妙的机制来处理大脑预测出的最终会掉落在你腿上的粑粑。

这个系统运作得很好，部分原因在于它是无意识地发生的。缺点是你发现很难预测自己的潜意识系统。吉尔伯特和詹金斯在照片实验研究开始时问受试者，他们更愿意选择哪种情景，大多数人说他们愿意加入能够选择的那一组——心理学家称之为可改变的结果。这是你一直认为你想要的，更多的选择，更多的出路，更多的选项。但结果表明，这种情况会削弱你的心理免疫系统的力量。因为它是在潜意识里运作的，你很难把它纳入你的预测。对你的心理免疫系统视而不见，并根据事件的可能做出预测，而不是根据事件本身做出预测，研究人员称这种倾向为“免疫忽视”。

如果你被绑架并被锁在地牢里，其中有一个桶，一本关于蝴蝶结的书，每天吃着肮脏的燕麦粥，“主观最优化”一定会使你找到此事的光明面（至少绑匪给了你一本书）。如果你的婚姻破裂了，或者你的生意破产了，不知怎么的，通过一种潜意识里的一个操作，你就会找到一种方式说这是发生在你身上的最好的事情。你很难相信那些坏事，而这是因为“免疫忽视”会编出各种证据，证明你一直在积极改变现实以保持快乐和理智。

这就把我们带回到你的大脑能够产生的最强大的自欺之一，即“主观最优化”，并把我们带回到本章开始的地方。一旦你理解了它的基础，你就会很快理解它。

在2000年的一系列研究中，心理学家丹尼尔·吉尔伯特、瑞安·布朗、伊丽莎白·皮内尔和蒂莫西·威尔逊表明，主观最优化可以让你相信无形的力量，控制你的幸福和命运的力量。然而，这些力量首先让人们陷入受控制的处境，才能产生“主观最优化”。

事实上，在测试对象中引入“主观最优化”是相当容易的。你所要做的就是提供一个可能的结果的选择即可，那些结果包括他们在研究实验的某个时候愿意得到以及不愿意得到的东西。接下来，确保其中一个结果很糟糕，然后操纵系统，让你的实验对象得到糟糕的结果。你现在可以坐下来欣赏魔法了，因为你的拍摄对象本能地改变了他（她）看待困境的方式。如果你的工作做得很好，受试者将形成一个积极的观点，否则他们会认为这是一件令人讨厌的事情。如果你是一位有良心的科学家，你将在最后把试验及结果告知你的研究对象，以让他们明白你的操作；否则你的受试者们，由于他们的“免疫疏忽”，将永远不会知道他们自己改变了自己的想法。

吉尔伯特、布朗、皮内尔和威尔逊在设立他们的研究实验时，曾经预测到实验的最后部分。他们假设，因为你总是用自己制造出来的人工阳光来照亮你的生活，却一直没有意识到自己在这么做。当你回顾你的生活时，想知道所有的光亮是从哪里来的，但是你却很少意识到是你的脑袋的原因。相反，你指向任何与你的信念相匹配的无形力量。你会看到一种无形的善举，它正好与你的世界观相契合，于是你便把它当作是你的好运的来源。

在一项研究中，他们把女性关在小隔间里。为了减少身体吸引力的因素，研究中的每个人都是女性。科学家们向她们解释说，她们每个人都和另外四名女性一起参加了研究，她们也在附近的隔间里。这是个谎言：受试者实际上是单独一个人。然后，研究人员告诉每个受试者，她将根据简历和调查表，从其他女性中选择一位作为自己的搭档。为此，每位受试者必须填写一份个人简历和调查问卷，并相信研究中的其他人会根据这些材料做出自己的选择。此时，受试者被分为两组。A组收到了四个伪造的潜在合作伙伴的简历，并对她们对每个人的喜爱程度进行了评分。

B组直接进入了下一步的试验。

接下来，每位受试者观看了一段视频，其中有些文字在字幕上跳来跳去。研究人员解释说，这段视频将帮助他们判断受试者的能力，并要求她们在每次元音出现时记下来。在视频播放过程中，会时不时地闪出亮光，中断视频。研究人员告诉受试者不用理会那些闪光，他们说，那些闪光是录像过程中的技术问题。

做完了这些之后，两组的每一位受试者都看到了四个文件夹，每个文件夹的封皮都标记着不同的符号。科学家们解释说，为了公平起见，他们决定随机分配合作伙伴，而不是让参与者自己选择，每个文件夹里都装有其他受试者的材料。受试者不知道的是，每个文件夹里所描述的人，都是她们最不希望与之合作的人。受试者做出了自己的选择，每个人从四份档案中挑选出了一份，然后每个人都认为自己收到的那个糟糕的结果是命运使然。

接下来，A组的女子再次对她们在开始时收到的四份简历打分，并自认为她们自己有权利选择。B组也给这四份简历打了分，但是那是她们第一次打分。在这之后，科学家们告诉所有参与的人，这项研究已经结束了。但它并没有结束，他们正在开展心理学研究中最巧妙的一个骗术：虚拟报告。

完成“虚拟报告”时，研究者告诉每个受试者，视频中的闪光实际上是潜意识的信息，目的是通过在她的脑海中植入一个符号来影响她对文件夹的选择。科学家们解释说，他们根据调查表上的材料，先决定了受试者四个潜在搭档中谁是受试者的最佳选择，然后利用潜意识信息让她们选择最佳伴侣。受试者一无所知地参加试验，这才是该项试验的真正目的。既然受试者已经知道了“真相”，研究人员要求每位受试者评价四个虚假的对象中她认为哪个才是真正的最佳伴侣，并对那些视频中的闪光也做出评价。记住，那些闪光是假的，并不包含潜意识的信息。每个文件夹中包含的潜在搭档都是同一个人，并且这个人是受试者们都不愿意选择的搭档。

A组和B组的大多数女性都说，是的，她们选定的搭档是四个搭档中最好的。正如科学家所期望的那样，所有的受试者都展示出了“主观最优化”。但是当涉及潜意识信息时，两组人的表现就不一样了。B组的女性，在一开始没有给她们潜在的搭档打分，明显更相信潜意识信息的力量。正如科学家们在研究中指出的，众所周知，在你对一个人留下第一印象之后，你会发现很难改变对他的看法。他们推测，这意味着A组的人比B组的人更难出现"主观最优化"，因为她们已经先从四个选项中选定了一个。尽管她们最终表示自己最喜欢随机选择的搭档，但她们对搭档的喜爱程度比B组的人要低。正如研究者们在论文中所写的那样："人类在期望中比回顾中更容易出现主观最优化。"所有受试者都想尽办法改变自己的现状，以匹配让她们陷入困境的结果，现在她们相信最糟糕的选择对她们来说是最好的选择。事后看来，她们使自己觉得很幸运，但是B组受试者产生这种感觉要比A组的受试者快得多，也轻松得多。当面对一个现成的陈述，我们那些善良的、能够洞察你的思想的科学家，已经为了顺应你的感觉而改变了结果，B组的人更容易接受这种解释，并为此感到非常开心。科学家们说，这表明你有一种奇怪的习惯，那就是把自己的情绪健康归功于别人或其他东西，而不是自己。尽管参与研究的每个人都要对他们如何看待现实和看待自己的命运负责任，但是如果让他们选择把对命运的责任放在自身之外的地方，他们会欣然接受。心理学家们创造了一个术语来描述这种现象：外部动力错觉。

在另一个版本的实验中，研究人员告诉受试者，他们正在测试两个新广播节目，类似于"潘多拉"（一个网络音乐电台）、"拉斯特调频"（全球最大的社会网络平台之一）和"声破天"（全球最大的音乐流媒体在线服务商之一），这种节目是根据听众的喜好来为他们选择新歌。科学家们解释说，根据受试者在研究前的问卷中提供的答案，受试者将听到与他们的回答相匹配的音乐。第一组受试者听了两首歌的片段，其中一首很好听，另一首被科学家预测将被受试者差评，电脑程序显示这组受试者在这两首歌中更喜欢第二首。然后，受试者被要求连续听三遍那首糟糕的歌曲。对于第二组，科学家们改变了研究的顺序。研究人员要求第二组连续听三遍这首糟糕的歌，然后告诉他们这首歌是电脑程序根据他们的喜好挑选出来的。在那之后，第二组听了好歌和差歌的剪辑。因此，每组受试者的大脑中输入的信息内容是一致的，只是呈现的顺序不同。两组受试者听完歌曲之后，对他们刚刚听到的音乐进行评分。接着，科学家们询问两组人是否愿意多听一些电脑程序挑选出来的歌曲，或者是否愿意换一个新的音乐节目。第一组有81%的人表示愿意更换新的程序，而第二组中只有57%的人选择尝试新程序。每一组受试者做出选择后，听到的都是同一首歌。最后，科学家们问受试者，如果这两种程序上市，他们是否愿意付费获取。

结果显示，第一组受试者先听了好歌和差歌，并对这两首歌进行了恰当的评价，后来他们不得不耐住性子连听了三遍烂歌之后，才察觉到了差歌的缺点所在。正因如此，第一组的人不相信音乐程序对他们的喜好有多大的洞察力。第二组的人先听了较差的歌曲，然后被告知这首歌是根据他们的品味挑选出来的，然后听了好歌的片段，最后说他们对这两首歌同样喜欢。你可能已经猜到了结果，A组的受试者说他们可能不会为这项服务付费，而B组的受试者则说他们愿意付费。

第一组的受试者仿佛在说：哎呀，这些歌有一首不是很好。然后，当他们必须连续听这首歌三遍时，他们会注意那些证实他们第一印象的东西。当他们得知程序的结果与他们的选择不一致时，他们会想，以我来看，这个程序就是个垃圾，我是怎么也不会付费使用的。与此同时，就好像第二组的人在想，我即将听到的是音乐程序认为我喜欢的一首歌。当他们连续听三遍的时候，他们会假定这首歌是他们正确的选择，并更多地去关注他们喜欢这首歌的地方，而不是他们不喜欢的地方。接下来，他们听到的是一首还不错的歌，于是便想，我喜欢第一首歌，所以我一定也喜欢与这两首歌差不多一样的歌。以我来看，那个音乐程序不是什么垃圾，我愿意付费使用。第二组受试者在不知情的情况下，通过“主观最优化”说服了自己喜欢一首本来会讨厌的歌，然后根据一种无形的“自欺”做出选择，那种自欺就是相信一种可以出错的外部动力。更奇怪的是，根本没有什么电脑选取程序。科学家们设计的这一切是为了蒙蔽受试者，让他们相信自己对一个根本不存在的电脑程序产生情感状态。

在两组受试者中，一个人越是说他喜欢那首糟糕的歌，他就越有可能说愿意购买那个能够为他选歌的程序。由于“免疫忽视”，两组受试者都喜欢那首糟糕的歌，但他们不知道自己欺骗了自己，相信自己正在享受一首自己喜欢的音乐，因为有一股外部力量洞悉了他们的音乐偏好。就像在另一项研究中一样，科学家为这一观点提供了一个合理的来源，而“主观最优化”的受试者接受了这一观点。

当你主观地优化一个不可避免的糟糕情况时，你只关注正面的因素，认为它们做出的决策比作为局外人的你更可取、更令人敬畏。你会操纵每一个结果，让它看起来似乎是对你最好的结果。因为你一直在这样做，在你的生活中会有这样的时刻，一切似乎都在朝着你所希望的方向发展，但实际上却并非如此。随着时间的推移，你可能会有点好奇，为什么每天都能有那么多的好运气降临到你身上。你看不到这种幸福来源于你自身，所以你认为它一定来自外部，因此你寻找某种外部动力。如果你找到了，你就会否认自己尽力摆脱逆境的力量，一有合适的选择对象，你就会将这种外部的力量赋予这些事物。

这是一个错误，是一种错觉，让你产生了一些不真实的想法，但你却相信它们，而且终身相信。归根结底，这只是模式认知出了问题。当你努力把混乱变得有序，把噪声变成信号，把原因追溯到你生活中的影响时，你错误地把目光转向了自己的外部，而有时源头在你自己的头脑中。你让事情看起来比实际情况要好，但是你不相信，所以你责怪其他事情。这未必是件坏事。毕竟，另一种选择是，在你的主观现实中如果没有任何东西被优化或润色，让它看起来更美丽、更美味、更令人向往、更有营养、更有意义，这是一个赤裸裸、冷酷的真实世界。要想变得不那么愚蠢，就要看到相信不存在的力量的危险，并在你本可以更好地相信自己的时候相信它们。还记得那些认为自己喜欢一首烂歌的人吗？只需要以正确的顺序呈现信息，人们就会误解自己的观点。如果当时的情况是真实的，受试者们便会购买一个音乐程序，而这个程序在选择音乐供他们欣赏方面表现得异常糟糕。最后这几句话不是在描述一项研究，而是对你生命中的每一刻的暗喻。在你购买任何系统的服务时，你应当先问问自己："我这些证明情感，究竟来自我的内心还是来自外界的力量？"然后再去相信任何有形或无形的外部力量。

生活中有太多的事情是不可能重新来过的，有太多的情况是不可能在不伤害对你重要的人的情况下改变的，所以你要学会改变你看待世界的方式，因为这比改变世界本身要容易得多。正如科学家们所说，在不完美的生活的磨难中，你有一种"产生满足的健康能力"。当你讨论世界史的时候，你可能会争论某个行动方案是正确的，但是你永远不会知道你是正确的，因为历史是供人浏览的。还有一些可能存在的替代路线，可能有无数条，但也许永远都不会被我们挖掘出来。同样，当你论证你的朋友、家人或熟人是否应该这样或那样做时，你可能会感到失望和沮丧，但他们不会。他们似乎总是很高兴——甚至是很幸福——事情就是这样发展的。那是因为他们和你一样有能力改变他们对现实的看法。记录你个人生活的历史学家，通常对你迄今为止的生活结果相当满意。诚然，你在生活中本来也可能走上另一条路，但是那么一来，你就不会拥有现在所有你感激的美好事物，无论你把自己的幸福归功于谁。

6. 晕轮效应

误解 你能够客观地评价他人的人品。

真相 你会根据自己对他人的性格和外表的总体评价来判断他们的具体品质。

你可能认为，好莱坞电影公司在为拍摄两亿美元影片选演员的时候一定会考虑身高问题。但是，电影行业业内人员对此事并不担心，即使影片的男主角比其他角色要矮，甚至矮于他的女主角爱人，这些数十年一直应对此事的导演们，也会从一些绝佳的解决办法中找到对策。

最简单的方法是使用苹果箱，即使用本来用于储存苹果的板条箱。随着时间的推移，苹果箱成了电影拍摄制作的重要组成部分，因为它们是一个出色的重力阻力装置，非常具有实用性。有些人甚至在苹果箱内部安装了支架，使它们更加坚固。当摄像机转动时，摄制组人员用它们来支撑几乎所有需要加高的东西。苹果箱在电影片场无处不在，以至于出现了一些拍摄速记用语，用以标记苹果箱哪一面应该朝下——“L. A.”或者“full apple”表示苹果箱平放，“New York”表示竖放。你选用的男演员若是因为太矮，而不能拍出你想要的镜头时，你可以用几个苹果箱垫在他脚下，只要不拍摄他的脚就可以。正因为如此，电影行业从业者有时会把苹果箱称为“真正男人创造器”。

为了让个子不高的演员，如汤姆·克鲁斯、阿尔·帕西诺、亨弗莱·鲍嘉和詹姆斯·卡格尼等看起来更高，电影摄制组还会让他们穿上特制的鞋子，降低摄像机机位，还会使用不成比例的特制门框。他们甚至会挖出长长的地槽，在拍摄场景时，让其他男人在地槽里走。但是，为什么想让男主角身材显得高大？这个问题的答案揭示了一种心理现象的力量，它侵蚀着进入你大脑的所有信息。

心理学家爱德华·桑代克是教育心理学和职业心理学的创始人之一。在20世纪初，他帮助美国陆军创建了用于评估士兵智力和资质的测试，并发明了供教师使用的学习工具。他对一个问题特别感兴趣：当你被要求将定性分析转化为定量分析时，会出现什么情况？这是企业和学校追求效率和卓越的一种方式。为了让每学期和每季度的成绩和业绩都有所提高，各种机构都青睐于各种报告、考试、测验和评论。把人转化成数字，可以让你更容易地向你的首席执行官或学校董事会展示结果。因此，在这样的环境中观察量化分析对行为和感知的影响是非常有意义的。

随着时间的推移，桑代克接触到的报告也越来越多，他开始注意到一个奇怪的现象。当一个公司以书面形式来描述一个人时，这个人的所有特征似乎都相互关联。也就是说，当一次描述一个方面时，这个人的其他方面与此方面的表现仅仅有着细微的差别。如果一个人在一项指标上得了高分（例如可靠性），那么他在所有其他不相关的指标上也会得高分（例如智力水平和特殊技能）。这种模式如此普遍，以至于在1915年，桑代克发表了一篇研究报告，其中收集了美国陆军军官的评论。他指出，当上级军官根据具体的指示对下级进行评估，分别、独立地判断每个类别时，上级军官是做不到这一点的。如果他们高度评价士兵的整洁、耐力和忠诚，他们也会高度评价他们在危机中做出决策的能力，或者说他们拥有高于平均水平的管理能力。如果他们发现下属有点缺乏机智或主动性，军官们往往会认为此人缺乏传达、发布和执行命令的能力。总的来说，每一项指标的量级都与其相邻指标相匹配。

桑代克特别关注那些在驾驶飞机的能力上得到高分的飞行员是如何在领导力方面得到上级的好评的。他写道，考虑到大多数飞行员都非常年轻，一个勇猛的空中英雄不太可能具备同样突出的领导力的。然而，在这些评论中，上级军官往往会把王牌飞行员视为日后提升为指挥军官的首选人才，在与飞行不相关的技能和属性上给予很高的评价。他称之为“综合荣誉的光环”。桑代克注意到，当一个人被认为在某些特定的、令人向往的事情上表现出色时，这种特质会影响所有其他的衡量标准。桑代克写道，关键是这种做法是错误的。这种使指标失去准确性的方式，在心理学上被定义为“晕轮效应”。

晕轮效应让你在不知不自觉中开始对自己和他人撒谎，那么为什么这种反常的过滤会在你的脑海中挥之不去呢?

为了加快处理速度，你的大脑首先倾向于给你每分钟遇到的事情贴上非常简单的标签。你应该感谢你的祖先数百万年来对这些标签的关注，因为你在生活中最有可能遇到的一些事情现在已经在你的脑海中固定下来，被贴上了“好事”或“坏事”，“可取”或“不可取”的标签。当你吃蘸了巧克力的草莓时，你会觉得这很好吃。当你在酒吧里看到你的前男友挽着一个陌生女子向你走来，你会觉得这是一件糟糕的事情。例如，长有尖牙的、长刺的、会爬的东西都是不受欢迎的、应该躲避的。如果看到某个类似蜘蛛的东西从天花板上爬过，你会本能地往后退。红色、黄色或绿色的浓稠液体会让人心生厌恶，但是深蓝色的浓稠液体则不会如此。一看到多汁的牛排，你就会忍不住流口水。肉排里若全是蛆虫，你的胃就会翻江倒海。近水的开阔的原野大多能让人感到快乐，而漆黑的、乱糟糟的沼泽地大多让人战战兢兢。

心理学家说，当你根据直觉做出决定并坚守信念时，你是在使用情感启发法。在心理学术语中，情感是一种无须进一步解释分析的感觉。情感不是一个与文字和符号相连的连贯的思想，而是一种原始的情绪状态，一种刺痛，一次震动，或者只是造成某种情绪或心态的感觉。你会从一种情感不知不觉滑到另一种情感，或者慢慢地沉浸在另一种情感中。有的时候，情感会像小鱼一样拍打你的前额。从长远来看，若想长久地存活下去，情感启发法对你大有裨益。它让你远离陌生的或者看似危险的情况，它告诉你要避免奇怪的、令人厌恶的事物。不过，这又是一种生硬的工具，用某种环境的情况判断另一种环境，结果可能会非常不准确。纵观人类历史进程，闪烁的眼睛和闪烁的微笑背后或许隐藏着许多危害，而那些在人群中最不起眼的人却做出了伟大的事情。“情感启发法”这种倾向会严重影响你对风险的判断。你在去机场的路上死于车祸的可能性比你坐飞机发生空难的可能性要大得多。在你的一生当中，你更有可能获得奥斯卡奖，而不是被鲨鱼咬伤。对“情感启发法”的偏爱，会严重影响你本能的、无意识的“爱”与“恨”感知。

那么，为什么身高对于一个男主角来说如此重要呢？为什么电影制作人会不厌其烦地想尽办法把男主角塑造得身材高大？这是因为人的身体的某些特性会激发你情感启发。对称是其中的一个特质。一个出生两天的婴儿注视一张对称面孔的时间要比注视不对称面孔的时间长得多。肌肉张力，音高，步态——这些身体的特性都会给你带来情感启发，但是最能给你带来情感启发的却是身高。当导演想要让观众对影片中的某个角色产生正面情感时，把那个人物塑造成高大的形象是非常有帮助的。

根据《应用心理学杂志》（*Journal of Applied Psychology*）在2004年发表的一项研究结果，身高在6英尺（约182厘米）以上的人，每增加1英寸，平均每年多赚789美元。科学家蒂莫西·贾奇（Timothy Judge）和丹尼尔·凯布尔（Daniel Cable）跟踪调查了8500名英国公民和美国公民从青年到成年的成长史，发现身高与事业成功有着密切的关联。贾奇推测，身高的优势导致俯视他人的这个行为能够让一个人更加自信。同样地，仰视身高比自己高的人也会产生某种感觉，这种感觉好像是出于其他原因才做出的仰视行为。贾奇和凯布尔发现，身高与事业成功存在关联关系。最明显的见证是在社交活动最频繁的工作中，如销售和管理工作，其次是那些需要自信的职业。因此，早在1904年，身材较矮的美国总统候选人就丢失了大约80%的选票。这应该不足为奇，当时的历史学家开始关注这类事情。2009年，心理学家盖尔·布鲁尔（Gayle Brewer）的一项研究表明，一名男子的身高越高，他在恋爱关系中产生的嫉妒之情就越少。同样，根据布鲁尔的研究，高个子男人不太可能做出维持伴侣关系的行为，例如，一刻不停地想弄清楚女伴现在身处何处，以及与挑逗其女伴的男人打架。此外，在布鲁尔的研究中，高个子男性也不太可能花时间担心自己的外表或者做出浪漫的举动。

为什么身高对电影行业以外的人也如此重要？毕竟，我们在这里谈论的只是几英寸之差，而个子高并不能真正让你成为一个更好的领导者或更好的销售人员。参与薪酬研究的研究人员推测，这只是工作中的一种情感启发。你具有身高偏见，那你会认为个子越高越好，因为在过去的几百万年里，出于某种未知的原因，人类一直在为“个子越高越好”之类的信念找理由，这其实就是一种适应行为。我们也无法确认这种事情的真伪。这种现象可能与一种看法相关，个子较高的人力气更大，在完成任务时能够表现出非凡的能力。也许高个子的人似乎比矮个子的人更有营养，更健康。不管是出于什么原因，如今的研究表明，高个子的人更有威慑力，更有权威性。晕轮效应能够让你相信：即使在身高无关紧要的一些事情上，个子高的人也比个子矮的人更受欢迎。

“晕轮效应”能使一个人的某种特性影响你对此人所有其他特性的态度和看法。当你对陌生人形成第一印象时对此人的某种特质的印象越突出，你就越难改变对此种特质的态度。所以，例如你在新工作的第一周遇到了一位热情和善良的同事，这会让你铭记一生，即使他在以后的日子里做出许多令人讨厌的行为，甚至几年都是如此，你对他的印象都很难更改。如果一段恋爱关系的第一年是美好的，改变你的生活，你可能需要很长时间才能注意到你们的恋爱关系是否已经变糟糕。如果你喜欢一个人的某些方面，“晕轮效应”会把这些正面评价扩散到其他方面，从而抵制负面评价。漂亮的人似乎更聪明，强壮的人似乎更高尚，友好的人似乎更值得信赖，等等。即使他们无法达到你的预期，你也会原谅他们，为他们辩护，有时是无意识的。

在过去一百年的研究中，“美丽”似乎是产生“晕轮效应”最可靠的因素之一。美丽是一种统称，是一种代名词，用以描述一种无形的心理过程。在这个过程中，你只参与了最终的结果定义。就像“美味的”和“恶心的”这两个词一样，“美丽”这个词能够描述情感启发法的各种不同变体。看到并判断一张脸是美丽的，就是经历了一场由你的文化、你的经历和你的深层进化遗传的影响所决定的头脑风暴。这一切都意味着，一个人在等待被发掘的过程中会意识到自己是否美丽。不管是什么原因，生活在同一时代、同一文化的人们往往会对美丽的标准在某种程度上达成一致，而这些标准在不知不觉中影响着其他的判断。心理学家在讨论“美丽”时，经常引用古希腊诗人萨福的话：“美即是善，善即是美。”研究表明：你倾向于同意萨福的观点，却没有意识到这一点。你没有意识到你大脑中的化学反应受到多少来自生理、心理和社会的影响，你倾向于相信判断那些与外表无关的价值时，美丽的东西优于不美丽的东西。“晕轮效应”无意识地告诉你去寻找或避免那些在你的文化和时代中被认为是美丽的东西，然后你就会以一种合理的方式应对这种反应，并且你还会对为什么被那些感觉所打动做出解释，不管你是否真的知道它的来源。

1972年，凯伦·迪昂、艾伦·伯沙伊德和伊莱恩·瓦尔斯特开展了一项研究，研究美貌是如何产生晕轮效应的。在科学实验中，他们告诉研究对象，科学家们正在研究第一印象的准确性。他们每个人将会收到三个信封，每个信封里装着一张不同的照片，研究人员事先对照片的吸引力进行了评分。那些照片——一张极具吸引力，一张一般，一张没有什么吸引力——每张都有一张记分卡。受试者先观察这些照片，然后按照6分制对27种不同的性格特征进行判断。受试者还将这三张照片并排放在一起，然后决定这三个人中谁最具有某种特性。这些特性包罗万象，包括利他主义、稳定性、世故和性开放等。科学家们还让参与研究的人估计他们认为照片中的人在某些事项上是否快乐，例如结婚和为人父母方面。最后，心理学家每次描述一种职业时，要求受试者选出照片中哪个人更适合以该职业为生。实验的每一阶段性结果都表明，在没有其他事情可做的情况下，人们倾向于认为最有魅力的人拥有最令人向往的特质，而且比照片中的其他人更有魅力。同样，所有受试者看到的都是同样的人脸照片。一个人越是美丽，受试者对他的幸福可能性评价也就越高，越认为他在婚姻、工作和为人父母的经历中感受到的快乐也会越多。照片上的人越漂亮，受试者就越有可能认为这个人从事的是一份社会地位高的职业。

戴恩、波谢德和沃尔斯特说：美貌给一个人的其他的一切特性都涂上了色彩，这种晕轮效应的趋势导致了两种情况。其一，美丽的人不仅拥有美丽这一优势，你认为他们也具备与美貌连在一起的大量的其他的优点。其二，在多年的生活经历中，貌美的人一直被人们当作具备其他优点的人对待，因此，美丽的人往往相信自己真的具备所有的优点，并照此行事。漂亮的人相信他们自己是善良的、聪明的和体面的，他们相信自己具备“晕轮效应”下旁观者在他们身上看到的所有优点——不管他们自身是否真的具有这种优点。

“晕轮效应”让你相信：我们当中相貌最美的人具备一些其他的优点。事实证明，这种现象无处不在。1974年，心理学家戴维·兰迪（David Landy）和哈罗德·西格尔（Harold Sigall）发表了一项研究，他们向受试者分发一篇论文，每篇都附有一张女性的照片，这些女性照片不同。一些受试者收到的文章后面附上的照片被科学家评价是有魅力的；另一些受试者收到的文章后面附上的照片被科学家评价是没有魅力的。研究者要求受试者评价论文的质量，但没有提到照片。结果发现，照片中的女性越漂亮，论文得分越高。当被问及文章的整体创造力和思想深度时，受试者给附有漂亮照片的文章打出的分数都更高。当然，这些文章是一模一样的，唯一不同的是附的照片。当科学家们用故意写得很糟糕的文章进行实验时，评分之间的差距拉开了。正如兰迪和西格尔所写的那样，你期待有魅力的人有更好的表现，但当他们失败时，你也更有可能原谅他们。

1973年，玛格丽特·克利福德和伊莱恩·沃斯特进行了一项类似的研究，他们向500多名五年级教师提供了有关新生的档案，包括他们的学习能力、成绩单和一张照片。教师们以为他们是在帮助学校确定学校记录系统的完整性和实用性。所有的档案都是完全一样的，成绩单上的分数都高于预期的平均分。唯一不同的是每位老师收到的照片不同。在此之前的一项调查中，20名教师对一组五年级学生的照片进行了相貌评分。从这些照片中，研究人员挑选了12张照片，三张最漂亮的男孩照片、三张最漂亮的女孩照片、三张最不漂亮的男孩照片以及三张最不漂亮的女孩照片。在他们的调查中，心理学家要求另一组教师使用提供的材料来估计每个孩子的智商、他在同龄人中的社会地位、孩子父母对学校的态度以及学生辍学的可能性。记住，每个老师得到的信息都是一样的，只有照片不同。你认为他们说了什么？结果与心理学家对“晕轮效应”的预期结果一致。越美貌的学生，老师对他的智商估计越高，对他们父母参与其教育过程的可能性评价越高，在学校受欢迎程度的预估也更高，认为该学生退学的可能性越小。当要求让教师们评价学生优劣时，老师们很少提到孩子的相貌。

1975年，心理学家哈罗德·西格尔（Harold Sigall）和南希·奥斯特罗夫（Nancy Ostrove）开展了一项研究，以强有力的证据表明：罪犯越是相貌出众，法官和陪审员对他们的判决越轻。在模拟试验中，研究人员让受试者在阅读了被告贴有照片的简历后，再选读对她入室行窃的指控。被告者的简历上要么附上一张漂亮女子的照片，要么是一张不漂亮的女子的照片（研究者们从外貌上对其做了区分）。然后，研究人员告诉受试者，这名女子是有罪的，让受试者选择一个合适的刑期，刑期在1年至15年之间。平均而言，漂亮女子获得的刑期为3年，丑陋女子获得了5年的刑期——这个刑期，跟没有照片的犯人所判的刑期是一样的。

对于“美貌”是如何让你运用“晕轮效应”作为扭曲现实的滤镜的研究足以支撑起整本书的内容。一个人在一定程度上能够让人出名，无论你的性别还是性取向，也无论对方的性别和性取向如何。你往往会认为，漂亮的人更聪明、更有能力、更擅长谋生，而且通常比我们其他人更快乐。简而言之，正如兰迪和西格尔指出的那样，你在了解漂亮的人之前就对他们产生了很大的期望，即使他们达不到你的期望，你也会给他们更多的机会来证明自己，远远多于给予另一些人的机会。这些人身材不那么匀称，也不苗条，肌肉不发达，胸部不丰满，也不符合由文化或时代决定的魅力，这会融入到你的认知中。

在心理学上，他们把你对另一个人形成的整体看法称作“综合评价”。正如你所看到的，你对他人身高或美貌的整体评价会极大地影响你对他的其他评价，而其他评价也会产生“晕轮效应”。当谈到你最喜欢的乐队、导演、品牌或公司的缺点时，你经常对自己撒谎。例如，如果你真的很爱某个音乐家或乐队，你会比一个非忠诚粉丝更容易原谅他们较差的作品。你可能会发现自己不自觉地为他们的最新音乐专辑辩护，向外行人解释作品的微妙之处，想知道他们为什么不能欣赏他们。或者，你非常喜欢某个导演或作家，便会相信他（她）是一个不会犯错的天才。当评论家抨击他（她）的最新电影或著作时，你会作何反应？和大多数狂热分子一样，你可能会把反对者看作是一群被自己的仇恨灌醉了的爱唱反调、吹毛求疵的人。“晕轮效应”让你的客观性荡然无存。你会依据你现有的感情来评价你热爱的事物以及制作这些事物的人。你们喜欢一种新产品是受益于你对他们旧产品的感觉。一旦你认为某人是天才，你就会认为他（她）所做的一切都是天才之作。

1977年，心理学家理查德·尼斯贝特（Richard Nisbett）和蒂莫西·威尔逊（Timothy Wilson）开展了一项让美国大学生接触比利时口音的实验，用以证明综合评价是如何扭曲现实的。

他们告诉学生们，科学家们需要他们的帮助。他们先让学生与一位教授见面，然后判断学生现在给出的教师评估结果是否与学期末进行的评估结果相似。受试者并不知道他们实际上被分成了两组，每组都会看到同一个教授用同样的带有比利时腔的语言回答同样的问题，但教授对两组受试者的态度是不一样的。

在一段视频中，学生们看到教授回答了关于他教学风格的问题。例如，在一段录像中，有人问教授为什么上课时喜欢组织分组讨论，他回答说他鼓励学生发言，喜欢“分组讨论时的互动气氛”，还讲述了小组讨论是如何激发人们对这个话题的兴趣的。在另一段录像中，当被问及同样的问题时，这位教授说，他认为老师和学生都应该扮演严格的师生角色，学生应该闭嘴去听。并且补充说，“如果我掌握的知识没有学生多，我就不用当教授了”。在第一组学生看来，这位比利时口音的教授热情友好，而另一组学生则认为这个教授冷漠而严厉。研究人员甚至让那位教授向第一组学生解释他是如何宽容地对待学生的测试卷，并且允许他们探索自由思想。而对另一组学生刻薄地说：他每周都会对学生进行小测验，因为他不相信学生们能够完成阅读任务。

看完录像之后，两组学生填写了教师评估问卷表，研究者们向他们陈述这是另一项实验的一部分。在问卷调查中，学生们必须回答他们有多喜欢和这位教授一起上课，并从不同的方面对教授进行评分，比如他的言谈举止和外表。表格上最重要的一个问题，就是被每个受试者大脑的晕轮效应所强调的问题，该问题向学生提问：那位教授的比利时口音是迷人的还是烦人的。

研究结果表明，看到这位教授热情友好表现版本的学生们认为他很有吸引力，言谈举止非常优雅，他的口音根本不是问题。大约一半的同学认为他的口音十分好听。另一组的大多数人，也就是看到一个冷漠、严肃的教授的那一组，认为他不招人喜欢，而且举止装腔作势。不过，最大的不同在于学生们对于口音的评价。这组学生中有80%的人认为他的口音很烦人。两组学生听到的是同一位教授在说话，他穿着同样的衣服，用同样的比利时口音和学生们说话，但为何一组学生认为他说话的方式很有趣，而另一组学生认为他说的话很刺耳。两次视频中唯一不同的是那位教授用比利时口音说出来的话。对于第一组学生来说，那种口音是他们喜欢那位散漫的、乐于闲聊的教授的一个加分项。而对于后一组学生来说，那种口音是这位教授的又一个缺点，他们无法想象自己要对此忍受整整一个学期。那么，口音不能改变，但是光环却可以改变。在研究结束时，当被问及他们是否认为教授的态度影响了他们对他的口音的看法时，大多数学生回答说没有受到影响。他们并不知道“晕轮效应”改变了他们对现实的看法。

当其他人受到“晕轮效应”影响时，你有时也能注意到，尤其是在极端情况下——如溺爱孩子的父母和狂热的粉丝等。毕竟，你的感觉可能与他们不同，这就足以打破幻想。但正如尼斯贝特和威尔逊在他们的研究中表明的那样，这只是意味着他们有时也会察觉到你受到“晕轮效应”的影响。无论是你还是其他人，都很难觉察到综合评价会妨碍人们对某些特定特征（比如某种口音或者某个微笑）做出理性的、公正的分析。

喜欢上一个人的口音只是晕轮效应改变一个人行为力量的一个小例子。“晕轮效应”的力量可以造成更深远和破坏性的结果。1976年，心理学家格伦·福斯特（Glen Foster）和詹姆斯·伊塞尔戴克（James Ysseldyke）进行了一项研究。他们召集了一些小学教师，这些教师的教龄都在十年左右，这些教师被随机分成了四组。每位教师都认为他们参加的这项研究是一种新的评估学生的形式，但是每个小组收到了对某些学生不同的描述方式，老师们被告知要根据这些描述填写问卷。科学家对第一组老师说，他们组拿到的是情绪失常的儿童的资料。告诉第二组的老师，他们组的学生有学习障碍。对第三组的老师说，他们描述的学生心智发育滞后。第四组老师作为对照组，事先对他们的学生情况一无所知。

然后，每一组的老师都观看了一段同样的视频，记录的是一个四年级男孩参加一系列活动的情景。这个男孩是经过从智力到外表一系列测试后挑选出来的，他的各项水平均属于中等水平。在录像里，这个男孩先接受了一系列的智力和身心测试，然后进行玩耍。在所有的测试中，孩子的分数都在正常四年级学生的预期范围内，但参与实验的老师们并不知情。看完录像后，老师们填写了一份问卷，对他们都看过的录像中的孩子进行评估。科学家们还要求老师们填写一份性格问卷，让老师们把自己当成录像中的孩子，用他们认为录像中那个孩子会有的方式来回答问题。

完成了所有的这些测试和打分之后，研究者们的发现结果想必你已经猜到了。那些认为孩子精神不正常、有残疾或智力迟钝的老师对他的评分要比那些没有被贴上标签因而没有期望的老师严厉得多。被期望表现不佳的孩子确实实现了这个期望，尽管每个老师都看到同样的孩子用同样的方式做同样的事，并且他们看到的是同一段录像。对于那些没有期望的老师来说，那是个完全正常的孩子，用可以接受的方式完成了那些任务，这个孩子看起来就是一个典型的四年级学生。而在另外三组老师的眼中，那个孩子理解能力差，心中住着个小恶魔，正在遭受重重障碍。那些认为他心智发育滞后的老师对他的评价是最差的。

为什么会出现这样的情况？心理学家认为这是“晕轮效应”使然。从录像中找不到判断依据的老师们，主要根据自己所见的内容做出判断。另一些老师了解了那个孩子某一方面的真实情况，这给他们对孩子的一切认识都增加了色彩。研究者们指出，“晕轮效应”使老师们抵制相互矛盾的证据，并维持他们最初的信念。他们没有更新他们对四年级学生的看法，也没有看到他打破他们的期望，而是把他限制在“晕轮效应”制造的小盒子里。此种做法的危险程度显而易见。忽视“晕轮效应”很容易引发“自证预言”，在这种预言中，态度会改变行为，而这种行为又会一遍遍地循环，对贴标签的人和被贴标签的人皆是如此。

政治家和大型企业都依靠“晕轮效应”生存。在现代社会，任何机构，无论是竞选还是新产品的发布，声誉都是关乎其存亡的，人们在产品质量、政策和行动上花费时间，也必须投入同样多的时间在研究别人的内心感受上。如果一个政治家能给人以和蔼可亲、真诚友好的印象，那么他已经赢得了大部分选票。最初的好的评价将不断扩散，会提升其他所有的评价，而且即使日后有过失，也会被原谅。

这就是为什么对一个企业来说，维护自己的形象，密切关注公众在私下和万维网留言板里的言论，是事关公司存亡的大事。更受公众欢迎的公司通常能赢得消费者的青睐，即使它的竞争对手在某些方面更胜一筹。这就是为什么商界每天都在讨论谁是赢家，谁在领先，谁被公众喜欢，谁被公众憎恶。围绕一个被众人喜欢的冠军公司所形成的故事，与围绕美丽、高大的人所形成的故事类似。你期待这些公司做出伟大的事情，但当它犯了错误时，你很容易原谅它。与之相对的一个带着负面光环的公司，若犯下了同样的错误，则会遭受到严厉的批评。

“晕轮效应”将你对一个人、一家公司、一款产品或一个品牌的深层的、简单的、情绪化的、无意识的反应，简化为一个简单的“赞”或“贬”，然后，评判由“晕轮效应”造成的一切时，你就不会那么严格了。“晕轮效应”是一种可预测的、可靠的营销工具，且非常有效，以至于许多光环凭借其实力成为独立的机构。普利策奖、诺贝尔奖得主、奥普拉读书俱乐部或《纽约时报》畅销书等荣誉，是一种强大的光环，会从字面上改变你对该奖项内容的看法。同样，一篇写得很好的两星评论可以让你收回已经掏出的信用卡。

“晕轮效应”很容易使你对一个人的某些方面做出主观的评价，而这些方面本来是可以独立于这个人的性格而被客观地评价的。当你孤立思考一个人的品质时，你对一个人的整体感觉会改变你对他的一些明确的品质的判断。当你坠入爱河时，你所爱的人在卡拉OK之夜演唱的《心之全蚀》虽然要多难听就有多难听，但是你会觉得她的歌声又可爱又甜美。当你们的恋情告吹时，她的同样的演唱表现却能让你浑身发毛。如果你的教授平易近人、风趣幽默，那么他的心不在焉和杂乱无章的办公室就成为你对他整体魅力赞赏的一部分。即使他给你的考试分数拉低了你的平均绩点，他的心不在焉还是会引起你的好感。如果你的妹妹十分风趣，能让你开怀大笑，当她晚餐迟到时，你会认为这是她奇妙且蠢得可爱的天性的一种表现。如果她性情乖张，是个爱发牢骚的人，那么不准时只会让你更加难以忍受她。因此，当你在生活中与他人打交道时，真正的客观几乎是不可能的。想想那些人吧，他们用外表、声音、行为和其他一切改变了你的看法。“晕轮效应”创造了改变原始感官体验的过滤器。

千万不要把任何人或其他事物作为你的崇拜对象，哪怕是你的孩子也不可以。不要动不动就贴上“天才”或“怪人”之类的笼统标签。要意识到这些空洞的字眼会令人生疑，而我们当中最美丽和最闪耀的人也会受益。要知道“晕轮效应”会让你认为一个好脾气的人只是暂时生气，而一个坏脾气的人只是暂时友善。要知道，一个好的品质或者某一段记忆，能够使你生活中碰到的人给你带来更多的伤害，这些伤害会大于带来的益处。请注意，即使某个人看起来善良乐观，他或她口中的话可能包含着与之相反的含义。而同一个人若是沮丧、傲慢，或者在某些方面的表现很卑劣，也说出同样的话时，你对那些话语的看法，也会因为此人的其他特性而改变。

在评价一个人的技能时，要尽力将他（她）的品性与外表、举止或名声分开。在最后的评估过程中，确保这个人是匿名的，然后分别评估这个人的每一种品性。做比较时，不要把比较对象做笼统的比较，而是应当根据某一种特定的属性进行比较。抹去姓名，掩盖相貌，做出量化的比较。你越能迫使一项成就、一项技能或一项绩效指标孤立出来，那么任何一种成分影响整体判断的可能性就越小。你无法避免“晕轮效应”，但是可以利用你对它的了解，让自己变得不那么愚蠢。

一般来说，与冷静的、客观的考察相比，“晕轮效应”通常是良性的，更可取。但在其与你的思维方式相异的情况下，它可能会背叛你。如果你处在一个权威的位置，或者处在一个受权威影响的位置，你要知道，从教师到将军，所有人的评估和假设都永远是错误的，因为它们受到了对他们品性总体评价和情绪化评估的蒙蔽和影响。在判断一个人的品性时，比如选择该给谁投票，你就应该知道，从业经验、说话技巧、身高、身材匀称，或者当着你的面喝啤酒的本事，全都不是小事儿。它们可以大大改变你对一个人其他品质的判断。你生活中遇到的人们是拥有还是缺乏某种美德，取决于你事先为他们创造的光环是闪光的还是灰暗的。

7. 自我消耗

误解 | 意志力只是一个比喻。

真相 | 意志力是一种有限的资源。

2005年，一组心理学家让一群大学生把自己看作是社会渣滓。研究人员邀请一些本科生到他们的实验室，让他们先待一会儿，互相了解一下。这个场景被设计成模拟一个接待会或一个公司圣诞晚会上偶遇和寒暄问候的场景——这类事情从来没有让人们感到这一切都是随意和偶然的。

这些学生被分成了几个小组，每组约有6人，他们用研究人员提供的开场白闲聊了20分钟。他们会问对方一些诸如"你来自哪里？""你学的专业是什么？""如果你可以去世界任何地方旅行，你会选择去哪里？"等这样的问题。研究人员要求学生此阶段要尽量记住聚会期间认识的人的姓名，这非常重要。因为接下来的任务要受试者进入一个房间，独自坐着，写出在下一段的实验中，他们最愿意与之为伴的两个人的名字。研究人员记下了学生们的回答，并让他们等待下一步测试。受试者不知情的是：在他们等待时，他们的选择早已经被搁置在一边。

那些研究者是罗伊·鲍迈斯特、内森·德沃尔、娜塔莉·夏罗科、吉恩·特温奇。他们要求青年男女学生进行下一阶段的活动。受试者将在这一阶段获知新认识的人对自己的印象如何。从这时候起，这个实验就开始变得有意思了。

科学家们随机选择一组人，分别告诉这组里选择的成员，"每个人都选择了你作为他们意愿合作的人"。为了让"万人迷组"的每个受试者在完成任务上都保持独立，研究人员还告诉每个人，因为"万人迷组"的人数太多了，所以他（她）需要单独工作。就这样，被选入"万人迷组"的学生迈着轻快的步伐开始了下一个任务，他们的心中充满了月光和焰火。科学家们分别告诉另一组随机选择的人，"我本来不想告诉你，但是确实没有人选择你作为他们想要合作的对象"。所以这些学生以为根本没有人愿意和他们一起完成任务，因而自己不得不单独工作。他们的心灵受到了沉重的打击，他们的自尊心被沾上黑色的污泥。"被嫌弃组"的成员们也开始完成任务。

这项任务，从学生的角度来看，先前所做的一切都是为了完成任务，就是坐在一个碗前，碗里装有35块巧克力碎饼干，学生们要求根据饼干的味道、气味和质地来判断它们的优劣。受试者一边尝试这些饼干，一边填写一份公司常用的口味测试问卷。受试者被单独留在那个房间里，他（她）想吃多少就吃多少，限定时间是10分钟。

这是一个真实的实验——根据社会接受度来衡量饼干的消耗量。“万人迷组”的人会吃掉多少饼干？他们的行为与“被嫌弃组”的人有什么不同？好吧，如果你和很多人打过交道，特别是如果你曾有过被排挤和冷落的感觉，或者经历过被足球队淘汰，被迫离开球队，那么你的假设可能和心理学家提出的假设是吻合的。他们预言那些落选者会大吃特吃，事实也的确如此。平均来看，被拒绝的人吃掉的饼干是受欢迎之人的两倍——同样的环境，同样的任务，相似的学生单独坐在美味的饼干前。然而，在他们的头脑中，他们心中的自己却处在不同的星球上。对于那些生活在阳光充足、天空呈现双道彩虹的星球上的人来说，自己很容易抵抗住那些饼干的诱惑。而那些被遗忘的人生活在布满岩石、毫无生气的星球上自生自灭。这些人发现：当他们心中一旦燃起想要把手伸向那个碗里的欲望时，他们很难把持住自己的双手。

为什么被拒绝的那组人会满面愁容地大吃饼干？为什么在这项研究中，科学家们解释说，社会排斥削弱了自律的力量？答案与心理学家现在所说的“自我消耗”有关。当你知道生活中有多少事情会导致“自我消耗”，当你知道你的生活中有多少事情的成败都取决于“自我消耗”，你一定会感到非常惊讶。在我们开始讨论“自我消耗”之前，让我们先简要地讨论一下“自我”这个概念。

提到自我，我们不得不提起西格蒙德·施洛莫·弗洛伊德（Sigisimund Schlomo Freud）。他出生于1856年，是家里八个孩子中的老大。他长大后当了一名医生。他喜欢可卡因和雪茄。他有幸逃脱了纳粹的魔爪，但他的妹妹们都死在了集中营。1939年，口腔癌使他痛苦万分，便用安乐死摆脱自己的尘世烦恼。他是20世纪最重要的思想家之一。就是他使得“自我”这个词成了我们的日常用语，而且每当提到“心理学”这个词，你可能最先想到的还是他。

尽管他名声在外，但是19世纪后半期身心护理却没有得到重视。医学院主要教授解剖学、生理学和古典文学。如果你再深入了解一下当时的情况，你就会对当时人们的做法感到吃惊。那时的人们了解了心脏的位置，学会了如何截肢，也明白了巴拉图的“山洞隐喻”。但是今天医生们知道的几乎所有有用的东西都还没有被发现或被人们理解。喉咙痛吗？没有问题。在你的脖子上绑上一些胡椒熏肉就可以了。你有疝气吗？很简单，请躺下来，从肛门吸入一点儿雪茄冒出的烟就可以了。当时，科学和医学的蛮荒地刚刚被驯服的年代，在很多地方，人们对一些事情仍有争议，比如处理一具发臭的尸体必须洗手后，再去为产妇接生。

在弗洛伊德的求学生涯接近尾声时，他开始着手从事一项又脏又黏的解剖鳗鱼的任务。为了寻找鳗鱼的睾丸，他解剖了400条鳗鱼，当时科学界还不知道鳗鱼的这项生理特征。这是一件令人讨厌而又毫无成就感的工作，而且毫无结果。如果他找到了鳗鱼睾丸，他的名字可能会出现在今天各种版本的教科书里。然而，他拿到了医学学位后，便去了一家医院工作。在那里，他花费了数年时间研究大脑，在凝胶状的黏稠物中寻找，就像他在鳗鱼内脏中寻找一样，提取神经元。但是，就像我们很多人一样，钱成了一个核心问题，为了支付账单，他放弃了实验室，建立了自己的医疗诊所。不过，他仍然保持着最初的热情和执着，他通过越来越深入地研究他的病人的童年和经历来寻找神经紊乱的根源，开始描绘出大脑的构造和解剖学理论的关系。根据这些研究，他提出了心理模型。弗洛伊德认为行为和思想，神经症和疾病，都是具有各自功能的精神力量之间相互作用和交流的结果。他称这些力量为“das Es”、“das Ich”和“das Uber-Ich”，也就是“本我”、“自我”和“超我”，也就是英语中的“id”、“ego”和“superego”。在弗洛伊德看来，“本我”是大脑最原始的部分，它存在于潜意识中，总是在寻求快乐的同时避免不舒服的情况。“自我”是大脑中比较现实的部分，它考虑的是打别人的脸或偷别人的薯条的后果。当“自我”在与“本我”争夺思想控制权的战斗中失败时，“超我”就会凌驾于整个系统之上，仿佛在厌恶地摇着头。弗洛伊德认为，这迫使“自我”要么占据上风，赢得控制权，要么隐藏在否定、合理化或许多自卫机制后面，躲避“超我”的严厉审判，而道德和文化规范会向“超我”施加影响。当然，这些说法并不都是真的。这只是一个受过良好教育的人在青霉素被发现的时代做出的推测。

像弗洛伊德那样的医生可以随意做出自己的假设，如果他们有足够的人格魅力和影响力，还能引领科学讨论。有一次，弗洛伊德给一位痛经的女性患者治疗。他把她送到他认识的一位耳鼻喉科医生那里，因为他认为流鼻涕和月经有关。在那之前，女患者曾经做过鼻腔手术，在康复期间，她抱怨说她的鼻腔越来越疼，甚至吗啡也不能减轻疼痛。还说在一天夜里，她鼻腔里流出了两碗脓液，还从鼻腔里拿出了一块菱角大小的骨头。弗洛伊德认为出血是歇斯底里症造成的，而歇斯底里症是由于被压抑的性欲所造成的。患者再次找那位外科医生就诊时，医生发现那块骨头实际上是留在鼻腔里的纱布。弗洛伊德仍然不相信这个结果，说她的康复应归功于精神分析。

问题在于，科学在那之后有了迅猛的发展，虽然现如今弗洛伊德的著作也是大众文化和日常语言的重要组成部分，例如，弗洛伊德口误、压抑、肛门滞留人格等用语，但是大多数没有科学依据。根据发表在专业杂志上的研究成果，心理学在20世纪成为一门严格意义上的科学。现在，科学家们依然把意识的问题与自我分开，而让我们再回到罗伊·鲍迈斯特和他的饼干实验中。

20世纪90年代，鲍迈斯特和他的同事们花费了很长一段时间，通过巧克力来研究“自律”问题。自律是人类的重要组成部分。你是你生命故事中的主角，也是对过往、现在和未来的叙述者。你会感到，你和你周围跳动的其他原子之间存在一个界限；你是一个独立的实体，而不是从五亿三千万年前大海里挖出来的一包器官、细胞和分子。“自我”的意识渗透到了你身心的各个方面，这种感觉就叫作“意志力”，即对自由意志的感觉。“意志力”能够让你相信：你能控制你的决定和选择，你应该对你自己的行为负责任，不管是行动前还是行动后都要负责任。那么，“意志力”准确的含义是什么呢？它会不会只是一种幻觉？对于诸如此类的问题，人们已经争论了数千年。鲍迈斯特最近十年研究的内容是如何利用这种自我控制的？

1998年，鲍迈斯特和他的同事艾伦·布拉特拉夫斯基、马克·穆拉文和黛安娜·蒂斯等召集了一些受试者进行实验。他们告诉参与者，这项研究的重点是味觉感知，因此每个人在实验前都不能吃饭，要空着肚子来参加实验。科学家们把受试者依次领进一个房间里，里面放着烤箱和刚烤好的甜点。他们让每个受试者坐下来，在他们面前摆上两种食物——堆得高高的巧克力饼干和一碗萝卜。受试者并不知道他们被分成了三组。研究人员要求其中一组的成员只吃萝卜，并记录下这些感觉，次日填写跟踪调查问卷。另一组受试者只吃饼干。最后一组根本没有被带到饼干和萝卜的房间。心理学家离开房间五分钟后，带着一份关于情绪的问卷回来了。在约翰·蒂尔尼的帮助下，鲍迈斯特写出了关于那项研究的专著《意志力》，在书中写道：吃萝卜的受试者大多都直盯着那些饼干，活脱脱是一个个街头的枪手，其中有些受试者甚至会抓起饼干，放在鼻子上闻。虽然他们尝不到味道，但是他们至少可以长长地、深深地闻一闻饼干的香味。尽管如此，吃萝卜组的受试者还是严格遵守了规则：他们中没有一个人吃饼干，虽然中间忍受了很多痛苦。接下来，这一组受试者和那组什么都没有吃到的受试者一起进入到第二个实验阶段。第二个实验任务是坐下来回答问题。每个受试者需要描绘出一个几何图形，描绘时不能抬起铅笔或者重新描绘出任何一条线条。研究者对受试者说他们可以随意延长时间，但他们没有被告知这些难题是没有解的。在接下来的30分钟里，科学家们观察并记录了参与者的行为，想知道每个人需要多长时间才放弃这个任务。

平均而言，没有进入小萝卜和饼干屋子的受试者都在大约20分钟后认输，放弃了任务。吃了饼干的受试者坚持了大约19分钟。吃了小萝卜的受试者，就是那组不得不在一间满是巧克力味的屋子里克制狼吞虎咽美味甜食的冲动的人，大约8分钟后就选择放弃了。鲍迈斯特对此种结果解释道：抵制诱惑似乎已经付出了一定的精神代价。不知何故，有证据表明：你越是抑制弗洛伊德所说的“本我”，你就越难抑制它。用弗洛伊德的话来说，你的“自我”越是抗拒“本我”，越是压抑“本我”，你的“自我”越会变得疲惫、无力和虚弱。鲍迈斯特对此也表示赞同，并把这个过程命名为“自我消耗”。

鲍迈斯特和他的同事们很快发现：还有许多方法能够使得受试者更早地放弃任务。在一项研究中，大学生们被分为三组。第一组必须发表演说，支持提高他们的大学学费。第二组可以发表演说，可以支持提高学费，也可以反对提高学费。第三组直接进入实验的第二阶段，解答那些烧脑的、无解的难题。这一次，那组没发表演说的受试者以及发表了他们自己不赞同提高学费的受试者坚持完成第二项任务的时间，大约是那组自选立场的演说者的两倍。结果表明，不仅仅是克制欲望会消耗你的“自我”，而且任何一种选择都会对“自我”进行消耗。那些不需要选择话题的受试者能够使他们的意志力得到修养，其“自我”的能量储备没有减损，一直保持到了第二阶段的问题测试。

在另一项研究中，研究者要求受试者观看一段担任脱口秀或假装死于癌症的视频时，尽量压抑自己的情绪。然后，让受试者解字谜。和这些受试者一起做测试的还有另一组人，这一组人也观看了同样的视频，但是他们在观看时没有限制，可以随意表达自己的情感。这一次的结果是，克制情绪的人解字谜的数量要少于那些没有克制情绪的人。

在一项关于主动和被动选择的研究中，一组受试者被要求必须在一张纸上找出所有包含字母e的单词，而这张纸上词句都是毫无意义的文字。另一组受试者被要求必须找出每一个至少与一个元音相隔两个字母的e。你若自己尝试一下，你会发现第一组的任务要简单得多，而且不需要太多的努力。然后，每组受试者各自拿着遥控器观看一段播放在空白墙壁上的视频。其中一些人若按一下按钮，便会结束那段视频。另一些人按下按钮时，视频能够继续播放。所以，想结束观看视频的人也不得不和大家一起观看这段无聊的视频，直到他们都认为自己已经看够了，可以回答一份关于这段视频的问卷为止。

那段视频没有什么问题，但是受试者知道：他们在观看的过程中随时都会出现一些事情。研究者告诉每个受试者，他（她）一旦结束观看那段视频，便会看到一段《周六夜现场》（一档美国电视综艺节目）的剪辑。那些先前完成简单任务的人，比那些在上一轮中耗费脑力的人按下按钮结束无聊视频的时间大大提前了。并且他们按按钮的时间也会更长，他们认为这样做可以早点结束无聊的视频。无论是按下按钮，还是从按按钮持续的时长来看，那组“自耗”的受试者都做出了被动的选择：他们开始按下按钮的时间比较迟，按下按钮后，他们松手也比较早。这项实验的结果表明：集中注意力使人们在之后不急于做出积极的选择。

你的很多想法和行为都是自主的、无意识的。例如，眨眼和呼吸不需要你用意识来控制。你的很多行为，比如开车上班或者洗完澡后用毛巾擦身，都是在你的意识在游离，想着《权力的游戏》或者思考怎么说服你的老板给你加薪的时候发生的。如果你的手碰到热炉子，你会不假思索地退缩。你会避开黑暗的小巷，喜欢别人的拥抱，这些想法在没有输入的时候也会出现。当你被一首歌、一幅画或一只小猫感动时，你会不由自主地产生一种情感冲动。你的大部分精神生活根本不受你的意识控制。鲍迈斯特的研究表明：你的意志力若在一个行动中掌了舵，那么它在下一个行动中就会减弱。

头脑好像是一艘设计得很糟糕的实验飞船。只要飞船沿着直线飞行，其燃料就消耗得很少。一旦由飞行员接管，让飞船做出前进、转弯或爬高的动作，这艘想象出来的飞船就会以惊人的速度燃烧燃料，把给未来航行的燃料也消耗得所剩无几。在某一时刻，你必须让飞机回到自动驾驶状态，直到它重新加满燃料，否则它会坠毁。在这个类比中，控制人类的思想包括做出选择，避免诱惑，抑制情绪和思想，以及按照你所在的文化认同的方式行事。对每一个不当的冲动说“不”，从乱翻冰箱食物到逃课，都需要耗费一点意志力的燃料，而一旦你用完这些燃料，下次说“不”就更难了。鲍迈斯特的所有研究都表明，自我控制是一种费力的行为。当你的自我消耗殆尽时，你的无意识心理就会发出更响亮的声音，而每一次控制冲动的尝试都将不如前一次成功。然而，自我消耗不仅仅会引起疲劳、嗜睡、醉酒，或者沉迷于吸食冰毒，也肯定会降低你对馅饼的抵制力。但让自我消耗变得如此怪异的是，研究人员表明的另一个现象：这个系统也会因为经常使用而变得疲惫不堪。以任何方式抑制或者改变你自己的行为，会使你在未来面对逆境或无聊时，更难推迟满足自己的欲望，也更难坚持下去。

一些学生被拒载的公共汽车撞了；一些学生抱怨说：听了他们在化妆晚会上所说的话后，没有人愿意让他们搭便车。这两组学生都不能控制自己吃饼干的冲动，这是为什么？自我消耗似乎是双向的。与他人相处需要付出努力，因此，我们所说的“亲社会行为”中，有很多是会消耗自我的行为。对“社会排斥”的研究结果表明，当你被社会排斥时，在内心深处的某个地方似乎就在发问：“如果没人关心我做什么，为什么还要继续规范我的行为？”

你可能有过一种冲动，关掉电脑，脱掉衣服，在森林里裸奔，但是你并没有这样做。出于不同的动机，很多人脱离了社会，独处独居，在这里只列举几个名人：泰德·卡钦斯基（Ted Kaczynski）、亨利·戴维·梭罗（Henry David Thoreau）和克里斯托弗·麦克坎德利斯（Christopher McCandless）。大多数人都没有像这三个人那样，抛弃了现代生活的所有工具和服饰。也许有一天你会决定对物质世界竖起中指，然后奔向荒野，但至少你会穿上鞋子，带把折叠刀。因为你知道这样可以防备狗熊。尽管如此，离开社会，不与任何人为伴，这是一个令人关注的想法。你喜欢看《幸存者》和《荒野求生》这样的电视剧。你可以一次次重温《漂流者》《鲁滨孙漂流记》《少年派的奇幻漂流》。这是我们共同的经历，一种好奇和恐惧，一种“被同类排斥在外”的想法。

被排斥是一种强烈而痛苦的经历。这个词来自古代雅典和其他大城邦的一种惩罚形式。希腊人经常放逐那些破坏社会对他们信任的人。希腊人用投票的方式决定一个人的命运，用陶瓷的碎片作为投票的标记。像你这样的灵长类动物能够生存和发展下来，是因为它们团结在一起，组成了群体，顺应了那些棘手的社会变数，如地位和联盟、外貌和技能、政治归属和性倾向，以免被社会放逐。对灵长类动物来说，放逐就是死亡。即使在人类的近亲黑猩猩中，被驱逐也是罕见的。离群的单只黑猩猩通常是在权力接管中失败的前雄性领袖。黑猩猩不再和被排斥的黑猩猩住在一起，不再为它梳理毛发，但它们很少驱逐它。数千年来，人类的状况也是如此。一个完全孤立生活的人通常活不太长。你的祖先可能不仅因为远离蜘蛛、蛇和狮子而幸存下来，而且还因为结交了朋友，没有在村子里惹是生非才存活了下来。因此，当你被社会排斥时，你会感到强烈而深刻的痛苦，这是有道理的。你有一个天生的系统来考虑那些可能会让你被排斥的事情。当你认真对待这件事的时候，你所知道的大多数在社会上被认为不可接受的行为都是自私的表现。那些不可靠的人、懒散的人、不分享的人、不考虑他人感受的人都会被边缘化。总之，偷窃、强奸、谋杀、诈骗等伤害他人的行为，都是为了满足个人或小团体的某种私欲而产生的。鲍迈斯特和他的团队在“被社会排斥”论文中写道：成为社会的一分子意味着你接受其他人之间的契约。如果你能自我约束，不自私，那么你就能留下来，享受拥有朋友圈和整个社会带来的回报。但是，如果你违背了那个契约，社会也会打破其承诺，把你排斥在外。你的朋友群将不再邀请你参加聚会，并将取消在“推特”上对你的关注。如果你在更大的社会群体中太过于自私，它可能会把你送进监狱，甚至会更严厉地惩罚你。

在一篇题为《无人选择你》的研究论文中，研究者们指出：自律要求你恪守社会的道德标准，因此，你期望通过自律行为可以得到回报。不受欢迎的那一组受试者感到了被排斥的痛苦，这让他们认为自律成了一种多余之举。他们似乎在想，“既然没人在乎，为什么还要按规矩办事呢？”这种想法给他们的意志力的燃料箱戳了一个窟窿，而他们面前摆放饼干时，他们无法像其他人那样控制自己的冲动。其他研究表明，当你感到被排斥和不受欢迎时，便不再解决难题，也往往变得不再愿意合作，工作的动力就会变小，更有可能喝酒、抽烟和做其他自我毁灭的事情。因此，被社会拒绝会抹杀自我控制，这似乎是通向自我耗尽状态的众多途径之一。

回顾这一切，弗洛伊德提出的那些疯狂命题呢？所有这些关于心理能量、冲动和文化判断的讨论听起来好像我们在验证本我、自我和超我的观点，对吧？这就是为什么心理学家一直在努力解决的一个问题：我们所说的“自我消耗”到底消耗的是什么？一种假说表明：被消耗的是你的大脑从消化食物中获得的燃料，也就是葡萄糖。

2010年，乔纳森·勒瓦尔（Jonathan Leval）、沙伊·但泽（Shai Danziger）和利奥拉·阿夫尼亚姆–佩索（Liora Avniam–Pesso）发表了一项研究结果。他们花费了10个月的时间研究了1112件关于囚犯假释的司法裁决。他们发现，法官们在刚吃过早餐或晚餐之后，囚犯获得假释的概率最高。平均来说，法官在吃饱一顿饭之后会给大约60%的犯人假释。此后，批准假释的比例就会逐渐下降。在就餐前，法官们允许约20%的出席者获得假释。法官们体内的葡萄糖越少，他们就越不愿意做出积极的选择，即释放一个人自由、承担后果，他们越有可能做出消极选择，也就是不同意假释，日后再去决定囚犯的命运。

鲍迈斯特在2007年的另一项研究中，进一步证实了行为选择与葡萄糖之间的关联关系。他让受试者观看一段无声视频，视频中有一个女人在说话，而文字在屏幕的右下角闪现。受试者的任务是尽可能地忽略这些字句。科学家们测试了受试者在观看视频前和观看视频后的血糖水平，并将其结果和对照组的受试者进行比较。对照组的受试者观看视频时，研究者没有对他们提出特别的要求。果然，看完视频后，那些被要求忽视字母词句的受试者的血糖水平要低于参照组的受试者。

在后续的实验中，受试者事先饮用了含糖或果汁冲剂和代糖饮料后再去接受测试，这些任务大多能在实验室中揭示自我损耗的状态，如破解字谜、解决几何线跟踪难题、情感克制、消除偏见以及利他主义的测试等。那些认为自己得到了能量补充的人的表现往往比那些实际上得到了葡萄糖补充的人更差。因此，得到的事实似乎是：通过事先吃喝（你需要某种东西来增加意志力，而食物和饮料就可以起到这种作用），你似乎更能发挥意志力和控制力，更能做决定，更能约束自己的不当行为。

对所谓的“自我控制资源模型”的研究仍然处于初级阶段，是不完整的。一些科学家质疑葡萄糖是自我消耗燃料的观点，因为一个有意识的大脑应该在任何时候都有足够的葡萄糖来进行自我控制。他们认为是其他的心理机制控制着自我消耗的释放，并推测其影响更可能是某种进化塑造的资源分配程序。

一旦你完成了一项需要自我控制的任务，你的动机和注意力就会被内在的力量控制，从而在一段时间内寻求回报。但是，如果出现了更好的前景，或者出现了严重的威胁，你的动机就会再次得到释放，这样你就可以继续前进。例如，你可以花费一个小时去追赶一只鹿，拒绝屈服于你腿上的疼痛，但一旦你杀了那头鹿，你就会产生一种强烈的想要休息和进食的欲望。在一个饥饿的捕食者出现的那一刻，你会忘记放松，立刻回到跑步状态。这被称为自我耗竭的过程模型，它假设虽然你有葡萄糖可以消耗，但你的大脑在精神消耗后变得节俭，并抑制了你的动机。奖励线索在环境中变得更加突出，而需要自我控制的任务变得不那么有吸引力。这个过程模型的支持者说，如果在那个时候大脑变得非常积极，它会积极利用可用的葡萄糖。在一些实验中，受试者在收到一份礼物、喝了糖水，或者全力完成那些不令人厌烦的任务之后，也能够避免“自我消耗”。更多的研究证据表明：在自我消耗中，大脑的奖励系统扮演了一个重要的角色，葡萄糖并不是唯一起作用的因素。相关的研究仍然在继续，到目前为止，“自我消耗”的概念仍然是一个隐喻，指的是一些更复杂、更微妙、尚未被完全理解的东西。

目前对“自我消耗”的理解是：所有的大脑机能都需要能量，但是大脑的执行机能似乎需要更多的能量。如果你愿意，也可以这么认为，大脑的执行部门运营成本最高。研究表明，当葡萄糖含量低时，或者当大脑对其储备变得节俭时，这些执行功能就会受到影响。这种精神状态可以追溯到弗洛伊德和他的同时代人看待精神的方式，他们认为那是一场野蛮的原始欲望和沉思的自我之间的斗争。早期的心理学家会说，当你的“自我”意识薄弱时，你的“本我”就会失控。

但是我现在知道，这可能只是你的前额叶皮层在处理葡萄糖时缺乏的问题，或者你内心的银行家拒绝释放资金。请记住，不管宣讲自助的书籍怎么说，研究都表明意志力不是一种技能。如果意志力是一种机能，那么完成这个任务和下一个任务将不会有什么变化。相反，每当你对自己这个庞大的系统施加控制时，这种控制就会比前一次控制变弱。如果你在教堂或教室里忍住不笑，接下来的每一个愚蠢的想法都会更有趣，直到你忍不住发出笑声。

避免这种心理状态的唯一方法是：预测在你的日常生活中可能导致这种心理状态的原因，并在你最需要意志力的时候避免这些事情。现代生活比以往任何时候都需要更多的自我控制。“莱迪特”网站（Reddit.com）在电脑的浏览器上引诱着你；或者你的笔记本电脑（iPad）在等待你的爱抚；或者你的智能手机满是有待更新的界面，你一旦知道了这些情况，就必须依靠大脑独有的控制机制控制这些冲动，不被这些东西所引诱。每一个放弃行为，都会强化做出下一次放弃的能力。也要记住，你可以通过很多方式来抑制你的执行机能，比如连续几天熬夜，或者喝几杯含酒精的饮料，或者在家庭聚会上保持沉默，或者无数次拒绝孩子的请求。拥有一份重要的工作可能会导致决策疲劳，这可能会导致自我消耗，因为重大的决策确实需要耗费大量的精力，当你消沉时，你会变得被动。一整天都在听一堆废话，这常常导致你到了晚上会观看一些无须你做出任何决定的电视节目，你甚至都懒得更换频道，让金・卡戴珊从你的电视屏幕中移走，也不愿意做下来看看插在商业广告中，经过审查的《好家伙》，哪怕你自己有那部电影的DVD光盘，而且就放在离你约五英尺（大约1.5米）远的地方。如果是这样，也没什么大不了的，但如果你发现自己需要调控空中交通或者作为心脏搭桥手术的主导，或者需要减掉200磅体重，那你就应该事先做好计划了。如果你想最大限度地控制自己的思想，以便改变自己对世界的反应，而不是屈服于自然，听天由命，那就应该时刻保持清醒的身心状态。注意休息，保证正常的睡眠。在真正理解什么是“自我消耗”之前，还是不要空着肚子做重要的决定为好。

8. 多元无知

误解 你的许多想法与大多数人的想法不一致。

真相 在某些问题上，多数人相信一个群体中大多数人相信的观点；实际上，那些观点只有少数人相信。

在课堂上，在商务会议上，或者在一次调停会上，主持人问你："好的，如果你听不懂，请举手。"此时你是否会不知所措？因此错过了一个解惑的好机会，这是为什么呢？

当一个人以这种方式提问时——比方说，一个代数课的老师——他（她）就在不知不觉中虚构了一种心理现象，这种现象使数百万人的生活回到了最初的人类时代。当某位老师问道，"请举手，谁不明白？"你大概能够想象到接下来发生的事情。你通常会停顿三秒钟，疯狂地扫视整个房间，确定你是这个教室里唯一一个没有听懂老师的课的人，然后决定不举手。几秒钟后，老师说："好的，很好。那我们继续往下讲……"

如果你能进入学生们的思想中，你会发现他们大多数人也没有听懂讲述的内容，他们也在等着看看是否自己是唯一一个不懂的人，然后什么也不做。在这样的情况下，都会有一股不安全的不确定性的浪潮掠过所有人，让所有人都想知道自己是否是那个孤独的困惑者。于是，每一个人都拒绝进一步行动，因为大家都害怕别人会看不起自己。这样一来的结果是，大家都不能认清真相，每个人都认为他（她）知道了大多数人都知道的东西，且都以为他们是精神少数派。最终，这种无知的状态通过心灵感应转移到了老师身上，他（她）以为班上的同学都非常聪慧，自己的授课技巧也出类拔萃，于是就欣喜地开始了新内容的讲解。如果不是因为一个叫"多元无知"的讨厌的小鼻涕虫，老师本来可以再次为你解惑，你的学习成绩也因此会得到提高。要想理解它是如何支配你的生活的其他方面的，我们必须首先探索一些基本的社会学基础理论。

正如哲学家特伦斯·麦肯纳（Terence McKenna）经常说的那样，文化是大脑的操作系统。打这样一个比喻，我们可以说，一个社会中，人们共有的信仰、价值观和社会规范都是在我们大脑硬件上运行的软件。当然，你头脑中的硬盘不是坚硬的，而是一块黏糊糊的、半生不熟的、由神经元和支持细胞组成的馅饼；把它比作硬盘，只是为了帮助你更好地了解它。你带着这个硬盘，去应对各种各样的情况，但是出生所在的文化环境会改变、增强、抑制这个硬盘，并且会改变它的路径。大多数人认为信念是真实的。价值观是对与错、轻与重、道德与不道德的诠释。然而，规范对你的行为和思想的影响最大。规范是文化中的行为准则，它决定了什么是可以接受的，什么是不可以接受的。有时它们被写下来，甚至被编入法律条文之中；随着你在社会中成长，它们会渗透到你的意识之中，信仰、价值观和规范的迷人之处在于它们会随着时间而改变。正如生物学家理查德·道金斯（Richard Dawkins）在他那本关于自然选择的精彩著作《自私的基因》中所写的那样，文化的基本单位，他称之为模因，也会和细胞那样发生变异和竞争。随着时间的推移，模因会进化，以更好地适应环境，帮助它们所服务的有机体生存和繁衍。例如，马的形状和大小发生了巨大的变化，从五千万年前像狼一样大小的森林生物，演变成了如今在平原上驰骋的动物。同样，衡量某些观念的社会规范也在发生显著的变化，那些观念包括卖淫、同性恋、产权、餐饮礼仪，以及灵长类动物社会行为的复杂人类翻版的其他无形方面。就像你的大脑一样，你的文化是一个高度进化的适合生存的系统。

拥有一个大脑的好处之一是，你似乎经常会逐渐脱离常态，以一种奇怪的客观心态来看待自己的文化。到了某个特定的时候，每个孩子都会意识到钱只是纸片儿，没有内在价值，他们会大声地问为什么。孩子们也会问大人握手是怎么回事，或者把餐叉摆在盘子的一边是什么意思，或者为什么打喷嚏之后要说“上帝保佑你”（blessing you）。当父母向孩子解释他的袜子必须搭配，或者守时是最重要的，或者在公共场合挖鼻子是一个糟糕的习惯时，他们就像使用了胶水一样把一种文化黏合在一起。当父母告诉一个男孩他不应该玩洋娃娃，或者一个女孩要等到一个男孩邀请才能参加舞会，他们是在执行社会规范。当孩子问：“这是为什么呢？”

这表明他们已经注意到了一点：成年人世界的东西都是编造出来的，而且大多数是武断的胡言乱语，往往因为一些早已被遗忘的原因而坚持。当你暂时脱离自己的文化，操作系统崩溃并缓慢重启时，你有时会有这种感觉，这种感觉几千年来一直是文学和戏剧的主题。雪莉·杰克逊（Shirley Jackson）1948年的短篇小说《彩票》完美地集中体现了这一点，以至于许多人取消了订阅《纽约客》杂志，因为这个杂志刊登了如此具有颠覆性的作品。在这个故事中，一个小镇的居民每年都聚集在一起，从这些人中随机挑出一些人，用石头砸死。没有人知道他们为什么这样做，也没有人记得这一切是如何开始的，但每个人似乎都很喜欢这个活动，而老一辈的人则陶醉于小镇对坚持传统的热情。

在每一个新环境中，你天生就会寻找并遵循规范，就像溢出的水寻找它的水平线那样，因为这样做是一种建立在灵长类大脑中的适应性反应。一个人独自面对整个宇宙，几乎无法长期存活。对尴尬和被排斥的恐惧，以及归属感和被接受的快乐，总是在推动或阻止你的行为。深知这一点，你就会本能地去迎合某个群体，而这个群体会不停地向你灌输常规。遵循这些规范，按照群体的期望行事，可以让你这样的社会生物活下来。这种策略的唯一问题是，你的确不善于理解他人，更不用说复杂的群体动态了。

多年以后，你可能已经注意到：人们往往倾向于遵守他们内心不赞成的行为规范。即使你不是特别虔诚的教徒，但仍然会在祖母切火鸡之前祈祷一番；虽然你是特别虔诚的教徒，你还是时不时光顾赌场。如果你已经工作了一段时间，你可以花一个下午的时间向你的老板解释你和你的同事认为应该改变的事情，而没人会当着老板的面讲出这些话。传统规范就像一个同心圆，升级了维系文化的社会规范。你的家庭有自己的做事方式，你的朋友，你的雇主或学校，你的社区，你的种族亚文化，你的社会经济同辈群体，你所在的城镇，所在的州，所在的国家全都有其做事的方式。社会规范根据不同的环境改变你的行为，因此，规范能够互为依据，最终决定投票，政策制定、治理和巨大的社会运动。不过，在很多情况下，人们只有在有人监督的情况下才会遵守规则。

当你表现出一种与大多数人相一致的态度时，即使你不同意这种态度的含义，也可能陷入心理学家所说的“多元无知”的状态——根据定义，这种状态会出现在其他很多人身上。“多元无知”是一种错误的观点，即你以为多数人都根据自己内心判断行事，以为你自己是少数和众人意见不同的人之一。但实际上，大多数心中的意见和你的意见一致，但是都因为害怕会通过自己的行为，承认或者暗示出这一点。你的信仰和行为纠缠在一起，就好像一只被线团缠住的猫。问题是，你要谨慎行事，遵守规则，但规则本身就是信念。你陷入了一个逻辑螺旋之中，在这个螺旋里，每个人都称之为规范的东西实际上就是大多数人信奉为规范的东西。你是否感到困惑呢？让我们来看一些例子，这样你就不会那么笨了。

20世纪90年代初，黛博拉·普伦蒂斯（Deborah Prentice）和戴尔·米勒（Dale Miller）试图回答一些关于社会学和心理学规范的隐现问题。如果人们普遍认为，无论你在何种文化中休息，你通常都会公开遵守这些文化规范，那么你首先是如何弄清楚这些规范的呢？是什么让你觉得你已经准确地弄清楚了那些能让你被社会接受的规范的呢？

在1993年发表的一项研究中，普伦蒂斯和米勒召集了普林斯顿大学的学生，让他们填写一份关于饮酒的调查问卷。当时，大学校园里的酗酒和醉酒狂欢是一个在全国范围内引起广泛争论的话题，而普林斯顿大学就是沉浸在狂欢中的一个大学校园。他们在研究报告中写道，印第安纳波利斯500英里比赛的酒精消费排名第一，学校聚会的酒精消费排名第二。因此，科学家们认为，大学校园是一个研究“规范”的绝佳地方，因为酗酒文化将是新一批新生年复一年必须面对的问题。

在普林斯顿大学做第一次调查时，心理学家们首先问学生是否赞成该大学的饮酒消费文化。心理学家接着问了一个问题，以了解学生们是否赞成大学校园的饮酒之风。在那项最初的研究中，结果确实有力地表明，普林斯顿大学的学生对酒精标准的“多元无知”蒙蔽了他们的头脑。大多数学生报告说，私下里，他们比大多数学生更不习惯校园里的饮酒习惯。事实上，大多数人私下里都有类似的不舒服感，并认为自己是唯一有这种想法的人，但考虑到现状，个人反感的差异就消失了。换句话说，当学生考虑他们内心的态度时，不适的程度会发生变化，但当他们想象每个人的感受时，这种变化就消失了，取而代之的是一种共同的信念，即校园里的每个人都认可饮酒过量。普伦蒂斯和米勒推测，学生们经常看到他们的同学在社交聚会上过量饮酒，就默认为他们玩得很开心，因此，以为他们的同学们认可了大多数人的态度。然而，事实是，同学们当众表现出来赞成这个行为规范，但是在私下里却并不赞成。所以，不管是在小团体里还是在整个大校园里，尽管大多数人不同意，这一规范也会不断加强。

1991年，普林斯顿大学交给普伦蒂斯和米勒一份金矿般的数据资料，当时两个人还在研究“多元无知”这一现象。学校颁布了不准带啤酒桶的禁令。该大学的校长公开宣布了这一禁令，当地媒体也在反复报道失控饮酒的新闻。就像任何伟大的象征性姿态一样，这一禁令使得文化发生了分裂。在采访和社论中，学生和校友们表达了他们对啤酒禁令的憎恨，并发起了抗议活动。甚至连一些早已毕业的人也组织了抗议活动，因为他们觉得禁令会破坏他们的团聚时光。

对于普伦蒂斯和米勒来说，啤酒禁令提供了一个研究多元无知影响的大好机会，他们欣然抓住了机会。心理学家们已经知道，大多数学生对酒精的热情远不如他们在公开场合表现出来的那样强烈。此外，由于大多数学生在公开场合假装非常喜欢吉露果冻（代指含有伏特加的果冻酒），也喜欢倒立在酒桶上喝酒，所以大多数学生都觉得如果不反对禁令会让自己与这种文化的规范格格不入。因此，科学家们推测，实际上只有少数人会真心打算集会，举着标语，高呼反对校方永远禁止啤酒的口号。然而，当学生们看到这些局外人也参加抗议，并引起轩然大波，成为新闻头条和晚间新闻片段的主角时，那些不抗议的学生们感到比以前更加孤独，他们觉得自己的个人态度也变得更加孤僻。普伦蒂斯和米勒开始了一项新的研究，这一次要求学生们将他们对禁酒的个人态度与他们认为大多数学生的感受进行比较。收集到的答案中再次出现了“多元无知”现象，因为大多数学生表示，他们个人对该政策的反感比大多数其他学生要少。接下来的问题揭示了一些令人惊讶的事情。当被问及是否会参加未来的聚会时，学生越是觉得自己偏离了大多数人的既定准则，日后的聚会对他的吸引力就越小。这项研究将多元无知最疯狂的副作用之一描述得淋漓尽致，为所有的科学学科提供了一些值得思考的东西，并得出了让人困惑的结论——人类具有一种扭曲感知的独特能力。以为自己属于少数人，实际上就是多数人中的一员，但他们并不知道，因为“多元无知”搅乱了他们的头脑，让他们相信并不存在的大多数人。使这些学生反感的狂热行为其实是他们的错觉，但他们以为自己被群体文化排斥了——尽管他们的感觉实际上与大多数同龄人一样。

普伦蒂斯和米勒得出结论说：他们的研究中提供了大量的证据证明你本不清楚的文化、亚文化、时代或朋友圈的规范是真实的还是想象出来的。任何社会形势都是如此变幻莫测，正如他们所说的，“对行为规范的估计往往是十分错误的”。在他们对普林斯顿大学的研究中，学生们不仅表面上支持自己并不赞成的行为规范，而且不知道其他的人都在做同样的事情。根据普伦蒂斯和米勒的说法，最终的结果是某种行为规范被永远延续了下去，实际上，没有一个人支持那种规范。

这种颠倒事实的群体倾向的副作用可能对历史进程产生巨大的影响。扭曲校园文化和增加用于聚会的一次性红塑料杯的销量是一回事儿，但多元无知也会威胁整个国家，导致社会变革停滞了好几代。

1975年，社会学家休伯特·奥戈尔曼（Hubert J. O’gorman）和他的同事、社会学家斯蒂芬·加里（Stephen L. Garry）开展了一项研究。他们对美国种族隔离末期的白人进行了细致的调查。20世纪上半叶，在公共交通、学校、军队、餐馆、浴室、电影院甚至墓地上，将黑人和白人隔离是被社会所接受的。它是社会信仰、价值观和规范的一部分，尤其是在美国南方腹地，它也属于法律和其他行为准则的一部分。60年代以后，大多数美国人认为白人和黑人几乎是两个不同的物种，他们认为白人和黑人不应该混杂在一起——或者说大多数人是这样认为的。

当奥戈尔曼和加里对那个时期的白人进行调查，并将答案绘制成一个巨大的图表进行分析时，他们发现了惊人的结果。事实证明，当时只有少数白人真正支持种族隔离。大多数人支持种族融合，但大多数人认为其他的很多人与自己的信念不同——经典的“多元无知”。奥戈尔曼和加里发现，多元无知的程度因地区而异。例如，在美国最东北部，大约7%的人支持种族隔离，但19%的人认为大多数人不支持种族隔离。在南方腹地，32%的人支持种族隔离，但61%的人认为大多数人支持继续实行种族隔离。总体来说，调查显示，将近一半的美国公民认为，大多数美国人支持继续实行种族隔离，但实际上只有五分之一的人支持这一政策。研究人员推测，这种程度的多元无知导致人们可能会说“听着，我不介意你在这里吃饭，但你应该知道人们应该会怎么想”之类的话。

大多数人支持种族隔离，这种虚假的信念延缓了结束种族隔离的进程，并影响了政策制定者、雇主、广告商和社会上的其他人，让他们表现得如同生活在一个并不存在的世界里。奥戈尔曼和加里的研究发现，那些对这个问题犹豫不决，同时又误以为大多数人都支持种族隔离的白人，往往会跟随大多数人的想法。当被问及白人社区是否有权利禁止黑人住进空置的房子时，那些先前立场强硬的白人又回到了从众的回答上。种族隔离主义者强烈支持根据他们的肤色来决定谁能及谁不能住在隔壁的权利。反对种族隔离主义者强烈反对这个想法。持观望态度的人认为大多数人想要什么，就是什么。然而，他们不知道，大多数人实际上并没有此种信念，而且假定的大多数只是他们的想象虚构出来的。针对这样的情况，社会学家认为，大多数人希望消失的规范继续执行了下来——即使在今天也是如此。“多元无知”使一些人的处境岌岌可危，这些人将被进步淘汰，不再坚持着那些过时的信念，事实上他们坚持这些信念比他们应该坚持的时间要长。“多元无知”使得那些人的对手感到比他们实际得到的支持要少，从而使得人们保持中立，维持现状。最终，虚构的现状改变了每个人的行为和思考方式。正如社会学家所说的那样，人们常常“在无意中成了认知错误的文化载体”。

正如心理学家利夫·范·鲍文（Leaf Van Boven）在2000年发表的一项研究中指出的那样，多元无知并不总是会阻碍变革，它还可以使人们支持比较正确的政治观点。他注意到，在大学校园里，学生们都希望对同学表现出比实际更宽容的态度。就像那个禁酒令研究一样，他询问了康奈尔大学的学生对平权法案的看法。结果发现，大约四分之一的人支持平权法案，大约一半人不支持。然后，他让这些学生估计研究的结果。学生们报告说，校园里大概有40%的人赞成，40%的人反对，因此高估了康奈尔大学对平权行动的支持程度。鲍文指出，无论公众的感受如何，“多元无知”都会左右舆论导向。在一个以自由派为主的大学校园里，大多数人不想被视为种族主义者或缺乏进步情绪，所以即使他们私下里对平权行动之类的事情心存芥蒂，在公开演讲时也不会表露真实的看法。无论什么样的政策，如果有足够的压力让人们顺应它，那么人们就会根据其他多数人对它的支持态度，表面上支持既定的政策，从而使得那个政策越来越深地扎根于文化之中。

心理学家詹姆斯·基茨（James Kitts）动员一些素食主义学生参加了一项研究。人们按照无肉生活的规范一起生活和吃饭。在他1995年的研究中，他发现大多数人解释说，在其他人都不在场时，他们有时会偷吃一块牛肉或鸡肉，但跟其他人同住一屋时，绝不会这么做，因为他们害怕冒犯别人或让别人感到不舒服。基茨调查了其中几个集体的全体成员，并综合了他们的答案。这些成员估计75%的素食者坚持自己的素食饮食习惯，不吃牛肉。而实际数字约为62%。当被问及是否有人吃鱼的问题时，素食者估计有40%的人有时会在某个地方偷偷吃一点，但实际上溜出去吃鱼的人的比例接近60%。基茨的研究进一步支持了这样一种观点，“多元无知”会导致任何群体保持某种方式行事，而其成员却希望选择另一种方式。大多数人偶尔想吃肉，尤其想吃鱼肉，但没有人会大声说出来，所以大多数人认为他们自己是群体中的一小群骗子中的一员。

那你为什么要这么做呢？是什么驱使你心口不一呢？首先，你害怕某种社会惩罚。许多科学家提出了“皇帝的新衣”的比喻。在汉斯·克里斯蒂安·安徒生的故事中，一个自负的皇帝雇用了两个裁缝，他们告诉皇帝说：他们已经做好了一套神奇的衣服，那些不称职的人或者非常愚蠢的人是看不到的。当然，问题是裁缝们什么衣服都没做。皇帝所有的仆人和臣民因为他们害怕自己显得很愚蠢或者不称职，都表现得好像皇帝的衣服美得叹为观止，直到终于有个孩子指出皇帝是光着身子游行的。就在那一刻，每个人都松了一口气，都感到可以放心地说出自己一直以来的真实想法了。与这个故事情节相似的故事可以追溯到古代，因此我们这种惧怕受到惩罚的想法由来已久了。你自己也有过类似的经历，最有可能是在排队的时候，或者是在教室或办公室外面拥挤的走廊里发生。你想知道是否有一扇门是锁着的，或者门里是否还在上课，但你只是耐心地加入到等待的人群中，一言不发。你不知道的是，一开始可能只有一个人在等着，然后第二个人走了过来，假设第一个人有很好的理由不进去，出于害怕尴尬，第二个人加入了第一个人的等待队伍中。然后第三个人也是如此，接着是第四个人，经过了一段时间后，一大群“多元无知”的人都等在了那里，因为他们都害怕如果表现得与他人不一样会看起来很愚蠢。只要一个人打开门走进去，恐惧就会瞬间消失。类似地，研究表明，人们有时不会去帮助需要帮助的人，因为每个旁观者都认为其他人没有伸出援助之手是因为他们知道他（她）自己不知道的事情。而只需要一个善良的人就可以让每个人都参与进来并提供帮助。对尴尬的恐惧心理有多么强大，简直到了无法解释的程度。在《士兵的重负》这本书中，蒂姆·奥布莱恩（Tim O'Brien）描述了在越战中面对战斗的士兵，“他们害怕死亡，但更害怕表露出自己害怕死亡”。他又写道，“他们怀揣着士兵最大的恐惧，那就是惧怕羞愧。这些人被杀了，死了，是因为他们若不阵亡自己就会感到羞愧”。

社会学家达蒙·森托拉（Damon Centola）、罗博·威勒（Robb Willer）和迈克尔·梅西（Michael Macy）将博弈论应用到这一概念中，将数据插入计算机模型，表明了一条规律：在任何人类社会环境中，只要存在明显的报复恐惧，就可能出现不良的行为规范。正如他们所指出的，当社会成员出于恐惧而采取行动或停止行动对他们个人有利时，“强制的爆发”就会通过社会运动的形式出现。

只要有规范的地方，你就能发现强制执行规范的人。倘若人们私下反对校园饮酒，但是公开却赞成它，那么那些刚接触这种文化、想要逢迎的人最有可能扮演强制执行者。其结果是，大一新生比大四学生更爱大吃大喝。根据森托拉、威勒和梅西的观点，“多元无知”致使那些感到自己的行为有偏离常规倾向的人相信：多数人强制执行规范的愿望，其程度与人们表面上服从规范的欲望相匹配。因此，为了安全起见，他们成为规范执行者，加入那些可能出于同样的自欺欺人的行列，做着同样的事情。这些胆小的人不知道的是，由于他们高估了服从的程度，如果他们的真实想法被人知道，他们也可能不愿意忍受惩罚。这种模式不断自行重复，就像一群人在一扇没有上锁的门前等待那样，每个人都在遵守或执行，一则出于无知，二则出于恐惧，但是最终的结果是规范得到了自我强化。

为什么很难发现那些出于跟你同样的理由而不说真话的人？为什么你不试一试，每次遇到情况时问问周围的人呢？1987年，心理学家戴尔·米勒和凯茜·麦克法兰德决定是时候回答这些问题了。他们开展了一项研究实验，通过改变其中的一个变量，创造和消除“多元无知”。米勒和麦克法兰德召集了一群大学生，告诉他们去参加一项关于自我观念的研究项目。每个学生在到达时都单独会见了一名研究人员，研究人员解释说，研究已经在开始了，受试者必须等到下一轮。当学生们等着开始虚构的研究时，研究人员分发了早就准备好的材料，解释说每个人在研究开始前都必须阅读这些相同的材料。这些材料包括一篇关于人类如何构建自我概念的理论模型的文章，科学家们将这篇文章设计成“实际上是无法理解的”。然后研究人员告诉学生自己必须离开一段时间，但在离开房间之前，研究人员解释说，如果学生在理解材料方面有任何问题，随时可以到他的办公室请求帮助。每次研究者返回的时候，给每位受试者发放了问卷，并说他们需要保证做到完全诚实，因为这份问卷是完全匿名的。在问卷调查的项目中，研究人员最感兴趣的两个问题是：你认为还有多少人去找研究人员寻求帮助？你对这篇文章的理解程度如何？从1分到11

分打分。大多数受访者表示他们对这篇文章的理解程度在5分左右，但当被问及有多少受试者走出房间，去请教研究人员的时候，平均答案是37%，真正的数字是多少呢？是零。这与前文中提到的场景非常相似：老师问班上的同学是否有人需要帮助时，或者本来打算提供帮助的人变成了被动的旁观者时，都出现了“多元无知”效应。在对照实验中，每个人都私下里承认，他或她很难理解这篇文章，但作为一个群体，受试者严重高估了同龄人对这篇文章的理解力，因此他们没有主动请求帮助。你非常不善于判断别人在不同情况下的顾虑。

正如米勒和麦克法兰德所预料的那样，受试者对他人的抑制作用被高估了，这使得他们的研究进入了下一个阶段。在第二个版本的研究实验中，他们把实验对象分成两组，每组大约由8个受试者坐在一起。在场景A中，对受试者的要求和第一阶段实验相同，如果看不懂那篇文章，他或她可以离开准备区，获得一对一的帮助。在场景B中，这个选项被取消了——这些小组被告知，无论他们发现材料有多难理解，都不可以找研究人员求助。和第一次的情况一样，在场景A中没有人站出来请求帮助；在场景B中，也没有人请求帮助，因为这是不允许的。一段时间后，两组人都收到了调查问卷。每位受试者回答了如下的问题：与其他同组受试者相比，自己在多大程度上读懂了那篇文章？如果要求他们读了那篇文章之后，撰写一篇关于那个话题的文章，他（她）在同组受试者中的表现如何？两种场景下的受试者都说，自己对那篇文章的理解程度与其他受试者大致相同。但场景A中的受试者，即允许求助的受试者，认为自己对文章的理解低于同组其他人，并预测自己撰写的文章远不如同组其他受试者的文章透彻。研究人员说，唯一的变数就是对尴尬的恐惧。场景B中的受试者也被那篇文章弄糊涂了，但是他们的解释却不同于场景A中的受试者。场景B中的受试者只能根据那份材料判断自己对文章的理解力，判断自己与别人比较的结果。由于没有其他参照物可以比较，正像大多数人在多数情况下所做的事情那样，他们认为自己的表现会高于平均水平。场景A中的受试者想到自己对那篇文章的理解时，产生了自我焦虑。由于受试者见到其他的人都没有求助，于是就错误地认为是因为自己比较笨。他们认为，同组的其他人都比自己理解得好，因为如果他们不理解这篇文章，他们就会向研究人员求助。场景B中的受试者没有产生此类的误解，因此他们的大脑中从未有过这种额外的消极情感。

所以，“多元无知”就是你对他人自我抑制的糟糕预测能力，加上你寻求从众的回报和避免因违反社会规范而受到惩罚的内在动力。最重要的是，最焦虑的人往往成为他们不赞同的规范的强制执行者。这就导致了人类学家沃伦·布里德（Warren Breed）和托马斯·克桑（Thomas Ktsanes）所说的“保守偏见”，也就是传统意义上的偏见，而不是现代意义上的政治偏见。鉴于这种偏见，大多数人误以为他们自己的文化没有实际上那么先进，因此各种文化机构和媒体都会表现得异常保守。此外，这种设计将包含旨在吸引公众的内容，而实际消费它的公众远不如他们表现的那么古板保守。

考虑到这只心理怪兽的所有面孔，你怎么能运用这些知识打败它呢？值得庆幸的是，科学已经给出了一些建议，使得你变得不那么笨。

你可能是世界上唯一一个有某种感觉的人，这种感觉是最让人崩溃的。你可能拥有一份在外界看来不错的工作，而且你充分意识到，当你在脸书上闲逛的时候，这个星球上的很多人都在受苦，但每次你开始上班的时候，你仍然会觉得自己的胃里装满了融化的蜡。当你觉得对你的朋友难以启齿时，这种感觉会变得更糟。当你害怕说出来的时候，这种感觉更恶劣。你可以从“多元无知”的研究中得到的一个重要的启发是，你几乎可以肯定你此时此刻所想和感觉的一切和数百万人的所思所想是一致的。无论你们现在的焦虑、羞愧或怀疑是什么，人类大家庭中都会有人和你同感，其人数足以填满你们国家的每个体育场和音乐厅。喜剧演员路易斯（Louis C. K.）向观众透露，他有时觉得自己的孩子是个坏蛋，他们像成年人那样让他感到挫败，于是他夜复一夜地发出大量顿悟的感慨。他的那些观众，由于“多元无知”的原因，在日后的交谈中意识到，他们对自己孩子的看法和多数人一样。只是大声说出来是个禁忌。路易斯消除了很多人的一个信念：在21世纪初的美国文化中，大多数父母真正感受到的是他们在公共场合假装感受到的东西。伟大的喜剧演员都会这么做。他们从一个城市飞到另一个城市，去打破观众的“多元无知”。他们从一个禁忌的话题转到另一个禁忌的话题，颠覆常规，让观众明白这样一个事实：每个人认为自己私下相信的东西，每个人认为其邻居私下相信的东西，其实就是真正的社会规范。

你可以试着像罗马人那样行事，但要记住，罗马人是在做他们认为罗马人会做的事，但即使是罗马人也不知道罗马人真正相信什么。公开讨论是使人们变得不那么愚蠢的一种途径。消除“多元无知”的怪圈的唯一方法是畅所欲言，提出问题，展开一场关于人们真实想法的对话。普林斯顿大学研究酒精禁令的科学家普伦蒂斯和米勒在他们的研究中说，网络宣传站是推动社会变革的错误途径。他们说，提供信息的公共服务公告和提高意识的倡议可能是改变个人态度的极好工具，但由于“多元无知”，这些信息饱和的、最先进的媒体干扰项目对大多数人仍然支持的规范是无能为力的。他们建议鼓励人们大声说出自己心中的想法。他们还倡议建立朋友、家人的互助小组或者其他形式的亲密聚会，鼓励人们对其他成员敞开心扉，对其他成员开诚布公地表达，每个人都认为自己的不正常的想法或行为或信仰不仅是正常的而且是多数人都有的真实感觉。在基茨关于素食者的研究中，他发现，你的朋友和家人行为越不正常，你的圈子里的人的行为就越不正常，“多元无知”对你的感知产生的影响就越小。这意味着亲友团或许是消除“多元无知”的一种古老的办法。每个人的真实想法、信仰系统、痴迷执念、心理倾向、互联网迷信则是消除“多元无知”的新方式。你是一个迷恋“我的小马驹”（一种针对2—11岁儿童的玩具）的成年人吗？我的朋友，你只要用谷歌搜索一下，就会发现数以百万计的像你这样的小马驹迷。无论你的反常举措是什么，你都能在互联网上找到与你同类的人，他们也许每个月都会聚会，还一起共进早餐。

9. 衣服认知

误解 作为日常用品的衣服，只是用来保护和装饰身体的织物。

真相 你穿的衣服不仅会改变你的行为，还会影响你的心理承受能力。

请你想象一下，万圣节快到了，你在买万圣节服装。你听说了一个很棒的新地方，那里的衣服价格非常便宜，能让你在店里混合搭配出任何服装。当你到达的时候，你打开门发现一个巨大的房间，里面没有货架和过道，只有一大堆衣服和配件摆在屋子中间，在角落里有一些更衣室。你在那堆东西里翻来翻去，咯咯地笑着，看着每个人都试着戴上帽子，扣上腰带扣，问其他人他们戴着假发看起来怎么样。

在这种情况下，你会不会随便拿出裤子和衬衫来搭配一些无关的小饰品和鞋子呢？如果你穿着11种不同服装组合出一件然后穿着出现在派对上，当人们问你“你这是装扮的谁呢？”你会怎么应答？

如果存在这样一个糟糕的自由市场，可能的结果是人们只会去寻找匹配的物品，慢慢地组装海盗服装和吉普赛服装。你和其他所有人都可以在一堆万圣节服装中找到合适的服装，因为服装的意义远远超出了它们的实用价值。在万圣节，或在科幻小说大会，或在商务会议上，衣服不再仅仅只是蔽体之物。

你只要看一集《广告狂人》（*Mad Men*），或者浏览圣迭戈动漫展（*Comic-Con*）上的图片库，就能了解服装对人类思维的影响。衣服是你和你的灵长类表亲之间最明显的区别之一，这意味着你创造和穿衣服的动机取决于你和黑猩猩之间4%的DNA差异。这个想法并不奇怪。如果你足够客观地退后一步，然后使劲眯起眼睛，你就会意识到你看到的是一种技术——一种对人体的人工增强技术。衣服让你有能力在寒冷的气候中生存，或者逃避昆虫的食欲和愤怒。衣服能保护你不受伤害，也能让你比裸体更好地做各种事情。据估计，你的祖先从65万年前就开始穿衣服了。这意味着衣服是人类和人类祖先最早手工制作的东西之一。不难推测，与武器和工具一样，衣服是最早的艺术形式之一，也是最早物化为人类精神世界的物质表征之一。衣服会被死者留在世上，也会因文化和个人喜好的不同而有所不同，会代表对技术的掌握或缺乏，并能传达阶级、地位、角色、意图和其他各种各样的东西。换句话说，在人类历史上，衣服可能是第一批被赋予象征意义的物品之一，它可以独立于创造者，将一个人的思想传达给另一个人。

你可能已经注意到，不管国家处在哪个洲，公司处在哪个国家，国家元首和公司首脑都倾向于穿同样的衣服。在世界各地，只要从事与商务相关工作，不管是男士还是女士都穿商务套装。中国、法国、美国、新加坡、巴伐利亚——全都如此，全无国别之分。只有少数人，如僧侣和红衣主教，在执行公务时仍然穿着他们文化特有的服装。英国《经济学人》杂志的一篇文章将现代西服套装的起源追溯到17世纪：当时，英国君主宣布这种套装的一个早期版本为大臣的正式朝服，是为了让百姓明白，连贵族都设法削减伦敦大瘟疫之后的生活成本。结果，平民们也纷纷仿效，那种套装变成了整个欧洲绅士的服装。以今天的标准来衡量，降级版的朝廷着装仍然是非常讲究的，但随着军装变得越来越宽松，以适应制服的必要功能——骑马、开枪、立正——平民的商务套装也变得越来越宽松。随着时间的推移，围巾变成了领巾，领巾变成了领带，随着世人逐渐互相了解，其他文化中也采取了宽松服装和运动装。如今，西服套装成了一个国际符号，就像一组字母代表一个声音，代表一个概念一样。有着悠久历史的套装现在尤其善于影响他人。传达这一信息是如此有价值，以至于现在女性有充分的理由穿上了各种各样的传统男性西装。研究表明，在西方社会，女性的着装越男性化，她们被录用的机会就越大。西装已经超越了它曾经的任何原始功能，成为一种服装，和任何服装一样，它的价值在于它所传达的信息。如果你想把自己塑造成一个负责任、值得信赖的社会成员，以一种专业的方式完成工作，从而获得那份工作，你最好穿着西装去面试。

衣服传达了思想，但它是如何传达的呢？答案和你肩膀之间毛茸茸的椰子状的大脑里的电路有关。

人类坐在空荡荡的房间里，墙壁光秃秃的，这是一种很难见到的场景。一个没有任何装饰的房间，墙壁涂成纯白色，会让人疯狂。你倾向于用照片、艺术品、工艺品和纪念品填满任何生活或工作空间。暂时堆在办公室小隔间里的物件，反映了其使用者的个性；居室的内部装修，则反映出了主人对美丽和有意义之物的认识，反映了居住者欣赏的思想。正如乔治·卡林（George Carlin）所言，当你认真对待房子时，它只是“一堆有盖子的建筑材料”，你会情不自禁地这么说。无论你走到哪里，你都要收集大量的物品。倘若某个人去世了，他生前所到之处都有他留下来的东西，你站在那里，你能感觉到他的存在，因为人类把意义注入了他们所处的环境。每一个表面，每一面墙，都充满了意义，这要感谢那些放置在那里的有目的的物品。即使是在一家主题餐厅里，在一场古董路演结束之前，餐厅的内墙看起来就像一股龙卷风席卷了一家胶水工厂。无论人们在哪里逗留，你都会发现一些物体，它们都是为了传达意义而张贴在显眼处的符号。

你的大脑具有联想的技能，因此象征在你的生活中占据了很大一部分。当我写了一个差劲的爱情小说的句子，例如“显然，她出生在非洲，她有一个漂亮的长而纤细的脖子，不像……”你可以接着完成这个句子，因为你的大脑在很久以前就已经把“长”“纤细”“脖子”“非洲”这些词连接在一起。神经科学家称其为“语义网”——每个单词、图像、想法和感觉都与其他一切相关，就像一棵树同时向四面八方生长，永无止境。当你闻到爆米花的味道时，你就会想到电影院。当你听到一首圣诞歌曲，你会想到圣诞树。迪恩·布诺马诺（Dean Buonomano）在他的著作《大脑漏洞》（*Brain Bugs*）中讨论了一种被称为“贝克/面包师现象”（Baker/baker phenomenon）的现象。在这种现象中，你更有可能在几天后记住一个短暂相识的人的职业，而不是他的名字。在一项针对这一奇怪现象的研究中，研究人员让一些人阅读一份姓名和职业的清单。结果表明，对大多数人来说，记住一个人是面包师比记住一个姓为“贝克”的人要容易得多。正如布诺马诺所解释的那样，贝克这个名字和面包师这个词虽然只有一个大写字母区别，却是两个完全不同的语义网的成员。作为姓名的“贝克”（Baker），联系着你在生活中认识的每一个姓“贝克”的人。“面包师”（baker）则与胡萝卜蛋糕、蓬松的厨师帽子、面团宝宝和其他成千上万的概念有关。后一种情况的语义网更加丰富，因此，哪怕你遇到了障碍，也会有很多其他的通道，通向联想的记忆高速公路，这样可以使你填补一个人以什么为生的空白。这就是为什么你对一些事情的记忆力很差，而对另一些事情的记忆力却表现得不错。正如波诺风诺所说，“抱怨自己记不住名字或数字，有点像抱怨自己的智能手机在水下功能差一样”。你头皮下的糖浆状的脑浆黏液在联想、合成和模式识别方面表现最好，而在数字、列表、测量、统计等要求条理清楚的逻辑任务方面表现最差。

因为你的语义记忆更像是一个节点网络，而不是一个文件柜，所以你很容易受到一种叫作“预置”的心理现象的影响。你现在经历的每一个想法都会不自觉地影响你以后经历的所有想法。这些想法会在你没有意识到的情况下影响你的行为。在研究中，人们整理包含粗话的句子，当后来受试者被置于令人沮丧的情况下，往往更有可能打断实验者。另一个实验则先让受试者通过写出能使人联想到老奶奶的句子来“预置”为老年，受试者完成那项任务后，行走的速度放慢了。在一项研究中，研究人员请一些受试者想象当上大学教授是多么酷的一件事，结果在接下来的“智力棋盘”游戏中，他们的表现要好于没有被如此“预置”的受试者。“预置”是行为的基本驱动因素之一，它并不局限于简单的符号和图像。

研究表明，被要求拿冷饮或热饮的人对陌生人的反应是不同的。拿着冷咖啡杯的受试者报告说，他们在拿着咖啡杯时遇到的新朋友似乎会看起来比较冷淡。在同一项研究中，拿着热咖啡的受试者说，他们遇到的人似乎很合群，也很外向。这两组受试者的其他环境完全一致，他们见到的也是同样的陌生人。唯一的区别是受试者所拿着的咖啡杯的温度不同。心理学家把这种现象称为“具身认知”——你的身体状态被翻译成文字，这些文字引发了一连串的联想。如果你在开始一段对话时，你的身体能感受到温暖或寒冷的感觉，那么你就会用“热情”或“冷淡”来描述跟你交谈的人。

所有这些因素——衣服的象征力量、预知、具身认知——最初在心理学研究中并没有真正结合在一起，直到美国西北大学（Northwestern University）的心理学家哈霍·亚当（Hajo Adam）和亚当·加林斯基（Adam Galinsky）在2012年发表了一项研究成果，他们在科学词典中引入了一个新词：穿衣认知。

亚当和加林斯基知道，之前关于衣服对大脑影响的研究往往侧重于“预置”或“个体消解”上。心理学家马克·弗兰克（Mark Frank）和托马斯·基洛维奇（Thomas Gilovich）在1988年的研究表明，当运动员穿着黑色制服时，运动队往往更具攻击性。在不同的体育项目中，穿黑色衣服的队伍也比穿其他颜色衣服的队伍受到更多的判罚。弗兰克和基洛维奇的研究表明，当一支球队把队服换成黑色时，比如匹兹堡企鹅队，从蓝色队服换成黑色队服时，每场比赛的平均罚球次数会立刻增加。在任何一项奖励进攻性比赛的运动中，你可以根据每支球队在一个赛季中受到多少处罚来对所有球队进行排名，穿着黑色服装的球队会在一端聚集在一起。研究人员还发现，不仅黑衣球员更嗜血好斗，而且当球员身穿黑衣时，裁判也更容易注意到其违规行为，并且予以处罚。1998年，心理学家芭芭拉·弗雷德里克森、斯蒂芬妮·诺尔、托米–安·罗伯茨、黛安·奎恩和让·特温格进行了另一项研究，结果发现，在做数学题时穿连体泳衣的女性表现明显不如穿泳裤的男性和穿毛衣的女性。

亚当和加林斯基对已有的关于服装的文献并不满意，他们认为除了“预置”之外，还有更深层次的东西在起作用，因此他们设计了一系列巧妙的实验。在一项研究中，他们将受试者分成两组。一组穿着实验服，而另一组穿着他们原来穿的衣服。然后，两组成员进行“斯特鲁普测试”（一个能够干扰任务中的反应时间的效应）。在斯特鲁普测试中，你必须说出打印一个单词的颜色。你先读到一些字，如“红”“蓝”“绿”等，这些字与墨水的颜色是完全对应的。接下来，你读到的字，与其墨水的颜色是不匹配的。例如，一开始，字卡中的“蓝”字是用蓝色墨水写的，但是在第二次测试中，字卡中的“蓝”字是用粉色墨水写的。这是一个有趣的测试，因为无论你的头脑多么聪明或敏捷，颜色和字不匹配的部分还是相当困难的，至少能够大大减慢你说出答案的速度。那么两组人在这项任务中表现如何呢？

当颜色与文字不匹配时，穿实验服的人犯的错误是穿普通衣服的人的一半。这就是“穿衣认知”，这种状态非常像“具身认知”，只是仅仅表现在穿衣方面。研究结果表明，穿着实验服这一身体动作使得受试者在注意力和清晰度测试中表现得更好。穿戴者体现了他（她）的装束的象征性质。

下一轮的试验结果更具有说服力。这一次，亚当和加林斯基把人们分成三组。第一组穿着白大褂，科学家告诉他们和医生穿着一样的外套。另一组穿着同样的白大褂，但科学家告诉他们这是画家的罩衫。在第三组中，科学家们展示了一件被描述为医生穿的外套，并要求受试者写一篇文章，内容是当他们思考医生外套的含义时，会产生什么样的图像和想法。于是，第三组受试者把外套放在旁边的桌子上，开始了下一个任务。然后，所有三组的成员都看了并排放置的照片，每个照片都有四个细微的难以分辨的差异。心理学家测量了受试者找出差异的时间，以及他们在每组中找到的差异的数量。结果展示了“穿衣认知”最有趣的地方。那些穿着他们认为是画家工作服的受试者（第二组受试者）在照片中发现的差异最少。那些仅仅深入思考医生外套的受试者（没有穿在身上的第三组受试者）发现更多，而那些穿着他们认为是医生的白大褂的受试者（第一组受试者）发现得最多。单单的“预置”，并不像实际穿上衣服本身那么有力，但更令人惊讶的是，同样的衣服对你影响力的大小，取决于你赋予这些衣服的象征意义。

白色的实验服启动了这项研究中每个受试者的“语义网”，但就像“贝克/面包师”的实验中，当一个人相信他（她）穿的是画家的外套时，涌入他潜意识中的思想和关联之网完全不同于那些认为自己穿的是医生的白大褂的人。对大多数人来说，当你思考医生的行头时，形成的概念网络比围绕着与画家和绘画有关的思想、图式、记忆和其他各种概念的网络更丰富、更强大。前者的象征意义比后者的更有效。通过“预置”使你想到医生，其强制性足以使你的表现超过另一些人，他们以为自己穿的是画家的罩衫。但是，你若更进一步，把胳膊深入你认为的医生的白大褂中，感觉到了它贴着你的皮肤，走动时注意到了它的重量，“预置”效果就会大大增强。亚当和加林斯基表明，穿衣认知不仅仅是“预置”，而是还有更多的效应。他们在研究报告中写道，他们推测警察、法官、牧师、消防员、士兵、运动队、医生等穿着的制服可能不仅仅是向社会其他成员传达穿着者所扮演的角色。这些衣服也会极大地改变穿着者的态度和行为，使他们变得更勇敢、更有道德、更有攻击性、更有同情心、更专注。

长期以来的研究表明，衣服并非完全没有生命或毫无生气，至少在人类的大脑中不是这样。看着衣服会引发一连串的联想，这些联想会影响你的感知和行为。舞会礼服、高跟鞋、软呢帽和罩袍——这些都不是简单的物件，而是具有影响你和他人力量的象征。从纳粹的制服到超人的紧身衣，在盛大的化装舞会上，每件服装都传达着某种信息。最近的研究表明，这种感觉可以达到更高的高度。

用象征性的服装来装饰自己，会在更深的层次上影响你，这远超过只是看着没有穿在你自己身上的，或者搭在别人肩头的衣服。那些衣服的纤维被施了魔法一样，你穿的衣服也会对你的人格产生魔力。诀窍在于，施妖术的是你，而且是无意识的。

在巫师帽下面的大脑，不同于在牛仔帽下面的大脑，不同于圆顶无檐小帽下面的大脑，不同于钢盔下面的大脑，这并不是因为这些对象都充满力量，辐射到你的大脑，而是因为你的记忆力不允许任何对象的体系结构呈现中立，无论你是否察觉到了这一点。像各种仪式一样，象征之所以重要，不是因为它们鼓励迷信行为或过时的信仰，而是因为它们自然地与你的大脑运作方式有关。每件事都有一种象征性的力量，一种交流的潜力，能唤起你大脑中的记忆和想法，就像被扔出去的石头砸中的蜂巢做出反应一样。

你要利用以上这些知识来让自己变得不那么笨，你要知道，当你穿着燕尾服或鸡尾酒会礼服感到不舒服的时候，这种感觉部分来自抵制服装的魔力，这种魔力由它在你的自我网络中启动的概念所驱动，而你则保持封闭。你也要知道，当你想要一些与时尚有关的魔力时，戴上那些东西会让你更机敏、更自信。戴眼镜的人看起来和感觉上都更聪明，但更奇怪的是，有证据表明，戴眼镜的人在智力测试中表现得更好。但也要小心，与服装相关的负面概念同样具有影响力。当你穿上邪恶的服装时，那些衣服对他人的影响力会渗入到你的肌肤中，而我们也不能确定这些毒素的强度以及持续时间。

10. “无真正苏格兰人”谬误

误解 | 你诚实地定义了你珍视的东西。

真相 | 你会改变你对事物的定义来保护你的意识形态。

如果你属于某个团体，例如“长岛小号和煎饼协会”，你所在的团队中的某个人干了一件卑鄙的事情，例如持枪抢劫了64家日托中心，狂吹喇叭，用煎饼砸孩子的脸，媒体像腐肉鸟围了过来，就你的公共关系惨败问题向你提问，你会怎么解释？

在典型的晚间新闻节目中，典型发言人的典型反应就是否认嫌疑人属于你所在的团体。那个团体发言人会四处奔走，发表一些言论，“嗯，这肯定不是长岛小号和煎饼协会做的事情”。

那个丹福斯·明格斯努特（Danforth Minglesnout）也许自称是“长岛小号和煎饼协会”的成员，但是我们这个“长岛小号和煎饼协会”的真正会员，绝不会犯下如此残暴的罪行。通过这样的思考，你很快就能改变你的想法，这样你就可以确信罪魁祸首不是你所属的团体的。你不肯承认事实，即使法庭诉讼明格斯努特是你们萨福克县分会的创始成员之一，即使监控录像表明他当时头戴着你们传统的软呢帽，穿着你们传统的披肩，还吹着你们那个团体官方会议的开始曲，甚至他在电视上当着法官的面露出脖子上的文身，一只巨大的号和像是雪崩一样散落的热气腾腾的脆饼，你也不肯承认他就是罪犯。“长岛小号和煎饼协会”的真正成员是不会去抢劫日托中心的。你所在的俱乐部绝不会干出那样不齿的事情。

然而，“长岛小号和煎饼协会”的规章是什么呢？如果说直到明格斯努特犯下暴行的那一刻，都被承认是该组织的成员，为什么现在谁都不承认他是该组织的成员了呢？那绝不可能是他把小号换成了巴松管，并在巴松管里装满了茶饼。这样做显然违反了协会的章程，也成了被开除的理由，但是这个协会却不会承认他被开除的真正原因是成员犯下重罪。

如果你隶属于一个组织、一个群体、一个亚文化群、一个有着人口统计学意义的群体或任何其他更容易归类的群体，那么时不时地那个群体中的某些成员会让整个群体给人留下糟糕的印象。当你所在团体的一名成员，或你所推崇的一种意识形态的拥护者，做出了你认为不可接受的行为时，你当场撤销了他（她）的会员资格。当然并不是正式撤销，只是精神上和原则上的撤销。这样使你不会通过对团体的联想而感到内疚。某个信仰你的宗教的人刚刚做了一件令人难以置信的十恶不赦的事，怎么办？哦，他一定不是虔诚的信徒。这种辩护的方式被称为"'无真正苏格兰人'谬误"。

这个名称来源于英国哲学家安东尼·傅卢。1975年，他写了一本名为《对思考的思考》（*Thinking About Thinking*）的书，书中描述了一名来自苏格兰的男子读到关于在英格兰发生的一则可怕的性犯罪的报道。苏格兰人宣称："没有一个苏格兰人会做这样的事。"第二天，他读到了在苏格兰发生了一起更为严重的性犯罪案件的报道，他便又说："没有一个真正的苏格兰人会做这样的事。"我们的这位苏格兰朋友不愿意相信他的苏格兰兄弟姐妹会如此不雅和残忍，所以他创造了一个虚幻的定义，将坏人排除在自己所在的苏格兰群体之外。现在他可以继续留在一个不曾犯错的团队中了。你看出其中的问题了吗？

如果你不喜欢一部电影的结局或它的续集，你往往会拒绝接受它，说你希望不存在的部分不是真正的正典。《星球大战》的粉丝们就是这么拒绝《星球大战前传》的。《黑客帝国》的粉丝们也是这么拒绝《黑客帝国后传》的。你在现实生活中也会这样做。用"'无真正苏格兰人'谬误"把你不希望出现的东西，从你喜欢的东西名单中删除。你不愿相信你会与这样一个令人讨厌的人为伍。你只需要重新定义参数即可。如果你最喜欢的球队因为丑闻而蒙羞，而你心目中的英雄变成了恶棍，你会本能地避开新闻，寻找一种方法来抹去你所热爱的事物身上的这些污点。当你说完"没有真正的某某人会……"或"凡是有自尊的某某人会……"这样的话时，你就是在请求其他人同意你做出的新的个人定义。

英国哲学家朱利安·巴吉尼（Julian Baggini）在他的著作《中彩票的鸭子》

（*The Duck That Won The Lottery*）中问道，如果酗酒者每周只喝一两杯酒，他们是否可以认为自己被治愈了。是否需要完全滴酒不沾才能被认为是不再酗酒？这就是匿名戒酒互助会的说法。它说，没有真正治愈的酒鬼才会喝酒。如果你和你的素食主义室友在“苹果蜂”餐吧（美国最大的品牌连锁西餐吧），你的室友向服务员要了一杯石榴和一些松仁，而服务员礼貌地解释说，菜单上没有这种食物，如果他点了一些鸡肉，你会震惊地捂紧胸口吗？如果室友解释说他有时也会吃肉，可能一年两次到三次呢？是什么让素食主义者成为素食主义者？偶尔吃点肉能改变什么吗？如果你今天宣称你是一个素食主义者，但你还没有真正吃过你的第一顿全素餐，那怎么办？你什么时候能跨过那条界限，成为真正的素食主义者？

定义固然是有用的，但在生活的大部分时间里，是没有一个人人都赞成的统一的定义的。即使有，那个东西和它的标签也会很快发生变化。很多你认为是你所属群体的事实，以及与你的意识形态相异的群体的事实，都是你的信念而已。当这些信念受到挑战时，你只要袖手旁观，用“‘无真正苏格兰人’谬误”重新编辑你的定义，改变那些信念即可。

事实上，不管字典上怎么说，大多数事情都没有明确的定义。你喜欢给事物下定义，喜欢对事物进行分类和拓展命名法。这有助于避免生活过于杂乱，但大多数事情都是模糊的。大多数事物都是以渐变的形式存在的。当你把自己的个人定义错当成官方的、被广泛接受的定义时，“‘无真正苏格兰人’谬误”就会出现。如果你认为没有真正的美国人会在同性恋游行中翩翩起舞，那就是你的定义。如果你认为没有真正的科学家相信大脚怪，那么“科学家”这个分类属于你。当有人用反例证明你的定义是蹩脚和不准确的，你就开始重新组合，用一个新的定义驳回挑战。

定义之争表明，“‘无真正苏格兰人’谬误”涉及“预设结论”。在日常语言中，这个短语通常用于表示“提出问题”，但这不是它的原意。“预设结论”是另一个谬误，当你笨拙地为自己的观点辩护时，你会不知不觉地预设结论。当你“预设结论”时，自己以为已经知道了真相。当你的市长说：“我们必须确保这里的人们总是能够制造和销售含酒精的蛋黄酱，因为微酿的三明治酱可以成就一个城镇。当一个小镇的居民知道他们可以用发酵液发酵蛋黄时，这个小镇就繁荣了。”像这样夸张的修辞听起来不错，但这些话无疑是循环论证。这和说蛋糕好吃就是因为它好吃是一样的道理。“预设结论”提出的问题是：“谁说蛋糕好吃？有些人就非常讨厌吃蛋糕。”“预设结论”的谬误总是按照类似的思路开展。例如，“你有什么证据证明你的假设是正确的？难道就没有例外吗？”“预设结论”看起来像是一种寻求建立事实的论证，但它实际上是一种信仰的陈述。一个真正的论证提出一个主张意见，然后用结论来支持这个主张。提出这个问题假设时你已经有了证据，只需要大声说出来即可。这种谬误就像磁石一样能把毫不相干的事情联系在一起。当你听到“堕胎是不道德的，应该是非法的——甚至对牛堕胎也应该是非法的”。或者“这个国家是由基督徒建立的，所以《十诫》应该出现在每张公立学校的课桌上”。这些都不是论点。它们只是假定某事物为真，但在将其与另一假设联系起来之前，又不给否定该事物的机会。

最普遍、最老套的错误观念认为不想要的东西只会发生在别人身上。你为你所珍视的群体辩护，暗示你的群体中的个别成员在某种程度上偏离了正确的道路，但谁能说清楚那条道路是正确的呢？在事物周围划定边界，给事物进行分类，创造和坚持这种命名的方式，建造思想的城堡并架起吊桥，这些都是人类的群体本能。

请记住，定义是模糊的，而且常常是不精确的，它们所定义的内容是不断变化的。一个思想的边界是可渗透的、不断变化的，所以曾经被排除在外的东西可能会随着时间的推移而变成被期待的东西，反之亦然。当你犯了“‘无真正苏格兰人’谬误”时，你是在要求宇宙静止不动，这样你才能确保你的定义现在是正确的，直到永远。不仅如此，为了保持你所属群体的纯洁性，维护你坚持的想法的纯洁性，维护你发誓效忠的机构的纯洁性，你便利用“‘无真正苏格兰人’谬误”来确保这些东西完全符合你的期望。如果没有任何东西符合你的期望或值得你去定义，你所珍视的每一个群体和类别都将化为乌有。

11. 去个性化

误解 那些暴动和抢劫的人都是社会渣滓，他们只是在为偷窃和暴力找借口。

真相 在合适的条件下，你往往容易失去自己的个性，变得专注于群氓心理。

当一群人聚集在一个有自杀倾向的跳楼轻生者附近时，可怕的事情发生了。

2001年，在西雅图，一名刚刚失恋的26岁的女子，在犹豫她纵身一跃而死的后果，让交通堵塞的时间有点长。当汽车开始在桥上倒车时，司机们非常生气，他们开始大喊："跳，赶紧跳！"直到她从桥上跳了下去。

像这样的情况并不少见。

2008年，在英格兰，一名17岁的男子从一个停车场的屋顶上跳了下来，300多名民众高呼口号，要他赶紧跳。一些人在之前、期间和之后进行拍照并录制了视频。人群散开了，奇怪的咒语被打破了。嘲笑者们走开了，心里嘀咕方才自己是中了什么邪。其他围观者在社交媒体上也表达了他们对此事的厌恶之情。

2010年，在旧金山，一名男子踏上公寓窗户的窗台，打算从大楼上跳下去。下面聚集了一群人，没一会儿，这群人就开始大喊让他跳下去。他们甚至还发了推特。15分钟后，那个人跳楼摔死了。

《旧金山观察家报》上的一条评论写道："我当时在那里，我的精神受到了创伤。我旁边的人大笑着让他跳下来，并把整个过程拍下来。我还年轻，还在上高中，这是让我铭记一辈子的事情。这个可怜的人完全得不到大家的尊重，他跳楼的时候人们都在笑。"

警察和消防队员都很清楚这类人群聚集和嘲骂的罪恶倾向。这就是为什么制止他们录像，并把那群人带离现场。如果你失去了自我意识，感觉到了群体的力量，然后受到环境的刺激，你的个性可能会化为乌有。

在人群中，许多人会保持他们的是非感，有些人能够保持冷静。许多目睹这些事件的人对所发生的事情感到非常难过，并谴责那些鼓励跳楼者的人。他们没有意识到的是，那些叫喊的人并不理解，也从未料到这种行为的可预测性和规律性。

这种行为也可能存在于你的内心中，这似乎难以置信。在适当的情况下，你也可能大喊："跳呀！"要知道这是为什么，我们不妨先去买几件衣服。

正如前一章所提到的，万圣节是文化规范发生冲突和破裂的一个奇妙的游乐场。服装和糖果，父母和孩子，对邪恶、死亡和鬼魂的狂欢和不敬——这是一个远离标准、规范和正常行为的日子，也是一个尝试替代自我的日子。在美国，万圣节非常受欢迎，每年的总销售额约为60亿美元。其中，服装销售总额就超过20亿美元。在全国各地，人们开始隐姓埋名，被那些第二天就会消失的角色所吸引。万圣节之所以有趣，是因为不管你有多大年纪，时不时地放下你的血肉之躯所构成的身份会让你感觉很好。孩子们穿着小丑鞋，去寻找棒棒糖。成年人则把盖伊·福克斯（Guy Fawkes，1605年密谋炸死英王詹姆斯一世未遂被绞死）的面具掀开，以适应杰格（Jager）的镜头，你从这两者都能体会到幻想。万圣节并不是让人随心所欲的"封斋前的星期二"或者狂欢节，但它确实是美国唯一一个可以让每个人都好奇地歪着脑袋、放任众多怪诞行为的节日。

一套好的服装可以让人们注意到你每隔一天就会穿的个性服装，只要把它们替换一下就可以了。万圣节给了你一个机会去扮演我们都知道在某种程度上是虚构的角色，给自己贴上各种各样的标签，假装成各种角色，在复杂的社交游戏中需要这样的相互接受的谎言。你戴着面具去上班，参加家庭聚会或第一次约会，跟你上街叫卖士力架或跟着数码混音带跳舞时候戴着的面具没有太大区别。你多年来塑造和打磨的这些自我的影子一开始是笨拙、生硬、明显和俗气的。当你进入青春期时，你尝试了各种各样的角色，直到找到一个适合自己的角色。你也许在身体上打孔或文身，而必要的时候还可以把它们遮住。你可能会挑出一些名人或虚构的人物，模仿他（她）的穿衣打扮，借用他（她）的一点魔法，以期提升你自己的魅力。在你生命的每一个季节，你都在打磨自己的形象，打磨自己的光泽，直到你公开宣布你已经具备了某种个性。尽管如此，角色扮演和按下重启键总是很有趣的，万圣节是少数几个你可以在你认识的人面前这么做的时候之一。从很多方面来看，"万圣节"

就是一个庆祝匿名尝试不同个性的节日。

20世纪70年代末，正是这种自我意识的弱化，导致一群心理学家把万圣节变成了对人类思维的对照研究。亚瑟·比曼（Arthur Beaman）、爱德华·迪纳（Edward Diener）和索伦·斯瓦纳姆（Soren Svanum）前往华盛顿州西雅图的一个不错的社区，挑选了27个家庭作为临时实验对象。研究人员想看看匿名的万圣节服装是否会影响孩子的行为，因为这些孩子们在万圣节要从一个秘密实验室（选定的某一个房子）闲逛到另一个秘密实验室（选定的另一个房子）。研究人员在每间房子里都放了一碗糖果，一面镜子，还有万圣节的节日壮士。孩子们进入屋子后，科学家通过窥视孔，观察整个晚上前来的孩子们的行为。是的，这听起来有点令人毛骨悚然。遗憾的是，当时没有另一项研究，研究一下科学家们当时穿着实验服，手里拿着写字板记录的时候，是怎样竭力抑制住想要跳出来对着孩子们尖叫的冲动的。

一名妇女整夜跟孩子们打招呼，当孩子们喊出“不给糖就捣蛋”（trick-or-treat）的时候，她告诉这些孩子们，每人只能拿走一块糖。然后她离开了，让孩子们自己决定遵守什么样的道德准则。在其中一半的时间中，站在门口的妇女要求孩子们说出他们的名字和居住的地方，然后才离开。如果孩子和成年人一起来，科学家们将会把他们从实验结果中删除掉。心理学家们想知道孩子们是否会只吃一块，尤其在他们认为周围没有大人来惩罚或表达对他们暴饮暴食的失望的场景下。当他们单独或在群体中会有不同的反应吗？说出他们的名字会让他们想起面具后面的真实身份吗？通过“预置”使孩子想到自己的身份时，如果他们在镜子里看到自己的倒影，这会提醒他们想起自己是谁吗？最终结果表明，镜子并不是决定因素。最重要的区别在于他们是否说出了自己的名字，是单独行动还是集体行动。

如果他们必须说出自己的名字，而且是独自一人，只有不到10%的孩子作弊。在群体中公开了自己身份的孩子，大约有20%不听从主持人（那名妇女）的命令，多拿走糖块。在独自一人时，匿名儿童偷拿糖果的会更多，大约占到20%；而在群体中，偷拿糖块的匿名孩子占了将近60%。结果表明，他们匿名的力量在群体中被放大了。当孩子们被要求说出自己的名字、摘掉面具时，成群结伴的孩子的欺骗行为多于独处的孩子。当他们戴上面具后，在一个群体中的孩子的欺骗行为会大大增加。最能意识到自己匿名的孩子，以及最受群体共享匿名保护的孩子，也最有可能违反规则，偷拿更多的糖果。匿名性达到最高顶峰时，许多孩子试图尽可能地拿走所有的糖果。

和许多其他科学研究一样，这项研究表明：有其他人在场时，你的身份会溶解；其他人的人数越多，你就越容易融入集体意志。抢劫、暴动、私刑、殴打、战争、举着火把驱魔——这些转变的开关一直在那里，不需要太大力气就能扳动它。

心理学家称这种现象为“去个性化”。在某些情况下，你可能会失去个性化。与从众不同的是，去个性化通常是无意识的，而且更容易造成伤害。正如心理学家大卫·G. 迈尔斯（David G. Myers）所写的那样，它是“你在独自一个人的时候不会去做的一切事情”。回想一下你十几岁时遇到的最大麻烦吧。很有可能，你在一个团体里，被同辈的集体意志所诱惑。可能有影响者、煽动者，或天生的领导者，但最终，你圈子里的每个人都可能融入这个群体的意识中。当校长、家长或警察问：“你们这些孩子在想什么？”你没有回答，因为根本没有。你只是做出反应，只是在成群的行动。

1969年，心理学家菲利普·津巴多（Philip Zimbardo）做了一项实验。他让一些女大学生对另一些女大学生实施痛苦的电击。在实验过程中，一半实施电击的学生被随机挑选出来，她们戴着大兜帽，穿着宽松的实验服，并佩戴有编号的标签。另一半实施电击的学生则没有戴面具，戴着写有她们名字的标签。津巴多告诉即将成为施虐者的受试者，他正在研究压力下的创造力。在单向镜子的另一边，一名女性接受了一项测试，她要遭受电击，并被观测电击是否会影响其表现。即将受到电击的人，其实都是些演员，她们只是假装痛苦地扭动着身体而已。

津巴多确定电击者已经掌握了一点：每个电击者将给每个受试女生造成75伏

电击的疼痛。此外，为了给受试者提供动机，他让受试者观看一段对两名即将接受电击测试者的录音访谈，其中一名看起来友好亲切，而另一名则粗鲁刻薄。津巴多没有告诉两组的女孩（戴面具的和没戴面具的两组女生），她们要进行多少次电击，每次电击多长时间；也没有告诉她们，如果她们不愿意，她们根本不需要电击。在实验期间，她们不能交谈。津巴多想尽量消除实施电击者受到的影响，即对权威和同辈压力的服从。结果发现，唯一起作用的因素是匿名和去个性化。学生们四人一组，坐下来开始折磨即将接受测试的女生。

在每次实验中，被蒙在头罩和实验服后面的女性随着实验的继续，实施的电击越来越频繁，持续的时间也越来越长。无论那些受试者看上去是善良还是卑鄙，每个演员都尝到了电击的滋味。与此同时，镜子另一边的演员们一直假装痛苦不堪。

根据津巴多的研究，相比于那些让人不愉快的演员，那些未戴面具的女生们电击面容和善的演员的次数要少得多，这是最有趣的发现。去个性化，即人所具有的匿名性，使得一种通常被社会规范所阻碍的可怕行为得以自由地进行，而不考虑公平或正义。在没有任何后果的情况下，控制另一个人的兴奋之情就会自己滋长。正如津巴多所说，恶行的升级是由一个积极的激励反馈循环驱动的。电击别人次数越多，受试者就越兴奋。他们越激动，电击的次数也就越多。实验中没有一个电击者主动停止电击，但是没有戴面具的女生却能作出区分：一类应该被电击，一类不应该被电击。

同样的实验在比利时士兵身上进行时，奇怪的事情发生了，士兵戴起头罩时，他们电击受试者的次数反而减少了。对士兵来说，他们身上的军装强化了他们的去个性化，但头罩却把他们孤立了出来。在一群士兵当中，每个人都是一个单位或集体的一部分。戴上头罩之后，士兵又变成了一个人。津巴多在他的书《路西法效应》中写道："平庸的邪恶与平庸的英雄主义有很多相似之处。这两种属性都是独特性格倾向的直接结果。在人类的心灵或基因组中既不存在病态特性，也不存在善良特性。"

津巴多又进行了另一项实验，和前文所说的西雅图的研究者们一样，他利用万圣节内置的匿名功能作为工具。他观察到，小学生们玩游戏，以赢得代币，他们可以在游戏结束时用代币换取奖品。孩子们可以选择玩什么游戏。有些游戏是竞争性的，但没有攻击性，而另一些则是一对一的决斗，比如从管子里拽出一个豆袋。孩子们在万圣节晚会上玩这些游戏，有的穿化妆后的衣服，有的不穿化妆后的衣服。在第一轮中，老师告诉孩子们化装服正在被送来。孩子们听说化装服已经快到了，便穿上便服，隐藏身份，又开始做起了竞争游戏。比赛一结束，老师们就说另一个班需要服装，因此把化装服拿走了。于是，孩子们没有穿化装服又做了一次竞争游戏。

穿了化装服的孩子们，在玩攻击性游戏，互相推搡，大喊大叫的时间多了两倍，从占游戏总时间的42%增加到86%。孩子们脱掉了化装服后，这个数字又降低到了36%。穿上化装服后，孩子们在“去个性化”的魔力影响下，孩子们想要面对面的对抗性游戏，尽管这些游戏耗时更长，产生的代币也少得多。化装服一脱，他们又恢复了文明举止。

每当你融入一个人群中或穿上遮掩你真实身份的衣服时，你就有“去个性化”的风险，而且往往会暴露出你最坏的一面。当你后退一步，你就会发现你自己成了作恶的人，你的行为让你在社会中的声誉和地位岌岌可危。当你隐掉身份，抹去名字，隐藏面孔，没有报应，抑制的链条就会从你的大脑中脱落。

你内心隐藏着什么被抑制住了的东西吗？它一旦挣脱了限制，会有怎么样的表现？你会不会大声叫喊着，催促某个正在犹豫是否自杀的人跳楼自杀，并拍照发推特吗？现在坐在那里的你，一定十分肯定地认为你不可能做这样的事情，但是现在你是一个有着社会链条的个体，这个链条将你心中最黑暗的邪恶和最光明的善良捆绑在一起。如果把“去个性化”的三个要素加到你的意识中，你无法真正预测会发生什么事情。这三个要素分别是：匿名、群体规模和觉醒。

如果你还记得，“觉醒”可以来自一场激动人心的演讲，一场充满激情的音乐会，一场激烈的灯光秀，一个正在逼近你的位置的危险敌人，或者任何能引起你注意而又让你挥之不去的事情。吟诵、唱歌、跳舞，以及其他仪式化的、重复性的集体活动尤其能有效地集中你的注意力，并将你的注意力从你的头部和身体的边界上转移开。你的注意力和情绪反应不断增强，直到你脆弱的容器将你的人格粉碎，不仅你的情绪会扩散给许多人，你的道德和对你的行为的责任感也会扩散。你不再对自己的行为负责，无论是好是坏，而是想象一个这样的未来：这个群体会因为你们一起做的事而受到赞扬或指责。在这一点上，你感受到了完全的匿名。你精心打造、引以为荣的个性被消除了，来自环境的暗示引导着你和你的群体中的其他人。如果你在1969年的伍德斯托克音乐节，你可能会感到友爱和归属感。除了最后你带走的那些服装，你还会带着一种惊奇和喜悦的感觉离开。如果你参加过1999年的“伍德斯托克”，你可能会感到愤怒和好斗，离开的时候带着几根被打断的肋骨和重罪判决书。在这两种情况下，都有一大群人自然而然地遵循去个性化路径。他们被唤起，失去了自我，然后根据环境的提示行事。

“去个性化”通常在任何组织中都是被提倡的，因为在这些组织中，减少抑制是很重要的，可以让你去做那些你可能无法独自完成的事情。士兵和警察穿着制服，战士们脸上涂着油漆，足球运动员穿着运动衫，帮派有各种颜色、舞蹈和仪式。企业花费数百万美元建立团队，努力灌输一种“去个性化”的价值观。兄弟会和姐妹会举办的派对比那些没有人觉得被某个群体认可或受其规范保护的派对更有可能失控。

“去个性化”消除了你的压抑、你的自我意识和你对责任的恐惧，但这未必是件坏事。同样的力量，影响着原本理性的人去抢劫、破坏和入侵波兰，也会导致亲社会行为。如果你周围都是积极的信号，“去个性化”可能会让你在健身课上更加努力地学习，或者在无家可归者的收容所帮忙，或者帮助建造房子。那些忘记了自我意识，齐心协力拯救生命或寻找失踪儿童的人表明，“去个性化”是人类意志的一种中性力量。当像“四叶频道”或“莱迪特”这样的网络社区聚集在一起进行匿名报复时，往往能够真正地伸张正义。一旦“去个性化”开始发挥作用，来自环境的线索就会影响结果行为。不管是好是坏，群氓的准则取代了日常生活的准则。

罗伯特·D. 约翰逊（Robert D. Johnson）和莱斯利·唐宁（Leslie Downing）在1979年研究表明，操纵环境线索可以改变去个性化的人的行为。他们的研究很像津巴多的研究，研究对象被要求电击其他试图完成一项任务的人。在他们的研究中，实施电击的人要么穿着三K党长袍，要么穿着护士制服。穿三K党服装的受试者电击的次数多，且多于对照组的受试者；而穿护士制服的受试者电击的次数少，且少于对照组的受试者。心理学家史蒂文·普利蒂斯–邓恩（Steven Prentice–Dunn）和斯皮维（C. B. Spivey）在20世纪80年代末和90年代初的一系列研究中发现，如果环境中的线索是亲社会的，那么一个“去个性化”的人可能会倾向于比平常捐送更多的钱。发生在“美国国家橄榄球联盟超级杯赛”中，教堂布道中，监狱暴动中，和革命起义中的“去个性化”事件是一样的，都会出现“去个性化”现象——只是随之而来的行为不一样。

应当牢记你非常容易“去个性化”，牢记你在什么情景下最容易“去个性化”。任何事情，从酗酒到唱赞美诗都会降低你的自我意识。此外，责任感的消散以及匿名性也会减弱你的自我意识。生活在一个大城市，坐在一个黑暗的房间，或者戴着面具，都会增强你高度兴奋状态，使得你的注意力更容易受到环境中任何线索的吸引。你也要知道，聊天室、评论区和留言板都是丧失个性的温床。用户的匿名性越强，受群体保护的效果就越强。其中对话的语气和措辞，以及所有用户共同努力的结果，都反映出该网站提供的线索。

如果你想促进“去个性化”，无论是在模拟世界还是在数字世界都是有意义的，那么就帮助你所在群体的人免受评判，并提供亲社会线索。相反，如果你想要阻止自己和他人的“去个性化”，你就必须消除匿名性，避免“去个性化”的标签。你越觉得自己有责任感，就会表现得越克制。

12. 沉没成本谬误

误解 你根据对象、投资和经验的未来价值做出理性的决策。

真相 你的决定被你所积累的情感投资所影响，你在某件事情上投资越多，就越难放弃它。

心理学家丹尼尔·卡尼曼（Daniel Kahneman）在他的《思考，快与慢》（*Thinking Fast and Slow*）一书中写道，他和同事阿莫斯·特沃斯基（Amos Tversky）在20世纪七八十年代的研究工作中发现，人的思维中存在“得”与“失”的平衡。卡尼曼解释说，因为所有的决定都涉及对未来的不确定性，所以你用来做决定的大脑已经进化出了一个自动的、无意识的系统，用来判断当潜在的损失出现时如何应对。卡尼曼说，那些把更多的时间放在避免威胁上而不是尽量应用机会上的有机体更有可能传递他们的基因。因此，随着时间的推移，对损失的预期会比对收益的承诺更能激发你的行为。只要有可能，你就尽量避免任何类型的损失，当你把损失和收益进行比较时，你并不会平等对待它们。他们的实验结果，复制和拓展了其他许多人做过的科学实验所得出的结果，揭示了一个与生俱来的厌恶损失的程度。当有机会接受或拒绝赌博时，大多数人拒绝下注，除非可能的回报是潜在损失的两倍左右。

行为经济学家丹·艾瑞里（Dan Ariely）在他的《可预见的非理性》（*Irrational*）一书中，给“损失厌恶”增加了一个非常有趣的实例。他写道，在考虑任何交易的成本时，你往往更关注在交易中你可能会失去什么，而不是你会得到什么。用他的话说，每当你必须放弃属于你自己的任何东西时，你都会感到“支付的痛苦”。至于最初究竟付出了多少并不重要。无论你付出什么代价，你都会感到痛苦，它会影响你的决定和行为。

在一项实验中，艾瑞里在一个人流量很大的地方搭了一个摊位。路人可以买到一块一美分的好时巧克力或者一块15美分的瑞士莲巧克力。大多数人选择了瑞士莲巧克力。考虑到这两种商品的质量差异和正常价格，这是一笔不错的交易。接着，艾瑞里又设立了一个摊位，提供同样的两种选择，但价格都降低了一美分，这样一来，好时巧克力不需要花钱，而“瑞士莲”的售价需要14美分。这一次，大多数人选择了“好时”，而没有选择“瑞士莲”。

艾瑞里解释说，如果人们按照纯数学逻辑行事，那么受试者的行为应该不会发生变化，因为两种巧克力的价格差是一样的，但是你却不会那样想。你的损失厌恶系统总是时刻保持警惕，随时待命，阻止你付出超过你所能承受的限度，所以你要尽可能计算成本和回报之间的平衡。他推测，这就是为什么你会积累一些你并不真正想要或需要的免费小玩意儿，以及为什么你会发现，如果它们包含免费礼物，你就会很容易接受有问题的交易。你会倾向选择提供免费送货上门的服务，而不去选择产品质量更好的服务商。艾瑞里认为，当任何东西都是免费提供的时候，你的损失厌恶系统是不活跃的。如果没有这个系统，你就不会像在考虑潜在损失时那样，仔细地权衡利弊。

这就是为什么市场营销和良好的销售技巧都是为了让你相信你想买的东西比你必须支付的东西更有价值。当你预测损失带来的痛苦将被收获带来的喜悦所抵消时，你就会将某物视为它拥有好的价值。如果销售人员的工作做得很好，在你混乱的认知中，你会觉得你毫无损失。你不会凭着情感冲动去买东西。除非你买东西只是为了向别人展示你能烧多少钱，否则你不会为了满足你的虚荣心而花掉你的收入。

当你永久性地失去某样东西时，你会很受伤。减轻这种负面情绪的冲动会导致一些奇怪的行为。你有没有这样的经历：你去看一场电影，却在15分钟内发现自己正在看一部史上最烂的电影，但你还是忍着没看完？你不想浪费这笔钱，所以你只好坐回椅子上，忍受痛苦。也许你曾经买过一场音乐会的票，但是票是不能退的，当夜晚来临的时候，你感到恶心、疲惫或者宿醉。也许与此同时，更吸引人的事情正在发生。尽管如此，你还是去了音乐会，即使你不想去，为了证明你花钱是正当的，因为你知道你花出去的钱永远不会回来了。某天，你带着一袋墨西哥卷饼回家，咬了第一口后，你就开始怀疑它的馅儿是装满了咸奶酪狗粮，但是你最后还是选择吃光了，因为不想浪费钱或食物。如果你有过以上任何一种经历，你就成了沉没成本谬误的受害者。

沉没成本是指永远无法收回的付款或投资。一个拥有功能齐全的逻辑电路的机器人永远不会做出考虑沉没成本的决定，但是你能做出。作为一个情绪化的人，你对损失的厌恶常常会让你陷入沉没成本谬误。一个确定的损失徘徊在你的脑海中，并在你每次回想时变得比你第一次感觉到它时更大。当这种对过去的执着成为你对未来做决定的一个因素时，你就面临着沉没成本谬误的风险。

哈尔·阿克斯（Hal Arkes）和凯瑟琳·布鲁默（Catherine Blumer）在1985年做了一个实验，表明当沉没成本出现时，你会变得非常糊涂。他们要求实验对象假定他们花了100美元买了一张去密歇根滑雪的票，但很快他们就发现了一张更好的去威斯康星州滑雪的票，只需要花费50美元，他们也买了一张去威斯康星州滑雪的票。然后，他们让参与研究的人想象一下，他们得知这两次旅行是重叠的，机票无法退款或转售。你认为他们会选择哪一个，100美元的美好假期还是50美元的物美价廉的假期？

研究中超过一半的人选择了更为昂贵的旅行。那次旅行可能并不如承诺的那么有趣，但是若选择那个比较便宜的假期旅行，损失似乎更大。这是“沉没成本谬误”使然，因为那些钱都已经被花掉，拿不回来了。这种谬误让你无法意识到，最好的选择是去做那些承诺未来会有更好体验的事情，而不是去做那些消除过去失落感的事情。

卡尼曼和特沃斯基还进行了一项实验，以证明“沉没成本谬论”。你也可以想象一下，如果你参与那个实验，你将如何表现。想象你去看一场10美元一张票的电影。当你打开钱包时，你意识到你丢失了一张10美元的钞票。你还会买票吗？你可能会选择购买。只有12%的受试者说他们不会。现在想象一下，你去看电影，花10美元买了一张票，但就在你把票交上去之前，你意识到你把票弄丢了。你会回去再买一张吗？也许吧，但那样会让你心疼得多。那项实验中，54%的人说他们不会再买票。情况完全一样——你丢了10美元，然后必须付10美元才能看电影——但是第二种情况感觉不同。似乎这些钱被分配到一个特定的目的，然后就丢失了，这个损失让你感到很糟糕。

如果你的手机从游轮边上掉了下去，需要詹姆斯·卡梅隆（James Cameron）的无人潜艇舰队才能再次找到它。当然，你可以花一笔钱把它找回来，但你不会把钱花得太多。当论点按照这种方式展开时，是合乎逻辑、理性的，而且容易理解，你可以为自己是这样一个通情达理的人而自鸣得意。不幸的是，生活中的沉没成本并不总是那么容易看到。当某样东西永远消失时，你很难意识到它的存在。过去不像海底那样是一个有形的概念，但它像海底一样是不可触摸的。失去的是永远无法挽回的。

沉没成本会引发战争，推高拍卖价格，让失败的政策继续存在。这个谬误使你已经吃饱了还会选择把饭吃完。这个谬误使你用那些不再需要或不再使用的东西填满你的家。每个车库拍卖都是为某人的沉没成本举行的葬礼。

“沉没成本谬误”有时被称为“协和谬误”，它被用来描述投入的追加。这个名称参考了第一架商用超音速客机的制造。在早期，这个项目就被预测会失败，但是每个人都参与其中，坚持投资。他们共同的投资成为一个沉重的心理负担，超过了他们更理智的判断。在损失了大量的金钱、精力和时间之后，他们还是不想放弃。

这种坚持不懈的愿望、坚持到底的意志是一种高贵的、人类独有的倾向。研究表明，较为低等的动物和幼儿不会陷入“沉没成本谬误”。黄蜂、蠕虫、老鼠、浣熊、蹒跚学步的幼儿和老虎——他们全然不在乎自己投入了多少，也不在乎浪费了多少。他们只能看到眼前的得失。作为一个成年人，你具备反思和后悔的本能。你可以预测一个未来的某个地方，在那里你必须承认你的努力是徒劳的，你的损失是永久的，当你接受事实的时候，它会让你无比伤心。

13. 过度合理化效应

误解 世界上最好的事情，莫过于做自己喜欢做的事情而得到回报的了。

真相 做你已经喜欢的事情而得到回报，有时会减少你的工作热情，因为你认为你的动机来自回报，而不是来自你的内心感受。

钱不是万能的。金钱买不到幸福。切莫活在别人的梦里。先要弄清楚你喜欢什么，然后再弄清楚做了它有何回报。

这样的格言在世界各地拿高薪厌倦的集体叹息声中飘荡，在毕业演讲和教堂布道时这些格言经常被各种润色。金钱、名誉和声望似乎就悬在你够不到的地方，激励着你把身体越来越远地探出悬崖之外，激励你学习越来越久，也激励你越来越努力。当有人提醒你，不顾一切地赚钱不应该是你生活的主要目标时，你会感觉非常有道理。你一遍遍重复着这样的话，把它们贴在墙上。你转发了它，然后又回去继续工作。

要是科学能对这些事情做出具体的解释就好了。所有这些充满智慧的贺卡都是伟大的，但如果真的要用钱来测试呢？金钱能买到幸福吗？2010年，科学家发表了一项研究结果，研究的正是这个问题。

这项由丹尼尔·卡尼曼（Daniel Kahneman）和安格斯·迪顿（Angus Deaton）开展的研究发表在《美国科学院院刊》（*Proceedings of The National Academy of Sciences*）杂志上。他们分析了随机选出的近50万美国公民的生活及收入。他们深入研究了受试者的生活，寻找心理学家所说的“情绪健康”的指标。“情绪健康”是一个临床术语，指的是你情感高峰和低谷出现的频率，比如“喜悦、压力、悲伤、愤怒和喜爱”，以及你每天对这些日常情感的强度。换句话说，他们测量了人们在一段时间内的快乐或悲伤程度，并将其与他们带回家的现金量进行了比较。他们这样做是考察受试者是否能够始终体验丰富的存在，品味生活的诗意精髓。

研究人员发现，金钱的确是日常生活快乐的主要因素。这个结果毫不意外。从一般情况来看，你需要一定数量的金钱，才能够负担得起食物、住所、服装、娱乐，以及偶尔购买一些“苹果”公司产品。但是，让全国人感到意外的是他们的另一个发现：到一定程度，你的幸福水平就会稳定下来，不再增长。金钱提供的幸福并不会保持增长、增多趋势，它会呈现稳定状态。研究表明，缺钱会带来不快乐，但过分富有并不会产生相反的幸福效果。

根据这项研究，在现代美国，维持日常生活幸福，体验“情感幸福”所需的平均收入大约是每年7.5万美元。根据研究人员的说法，超过这一点，增加更多的收入，对“快乐、享受、悲伤或压力没有任何作用”。一个年收入25万美元的人，与年收入7.5万美元的人相比，没有更大的情感幸福感，也不会有更多的日常幸福感。在肯塔基州，这一数字略低；而在芝加哥，这一比例略高，但关键是，有证据表明，存在着一种经济幸福上限。超级富豪可能认为他们更幸福，你可能也这么认为，但这都是你们的一个错觉。

如果你还没有钱，钱可以改善你的生活，让你变得更幸福，但是一旦你有足够的钱可以在周二晚上去红龙虾餐厅（美式海鲜连锁国际餐厅）吃饭，不用犯愁那个月的水费，你就可以放心地去那里用餐了。或者，就像亨利·大卫·梭罗曾经说过的那样，“一个人越富有，他能承受的事情就越多”。根据卡尼曼和迪顿的研究，在现代美国，让大多数事情顺其自然的能力每年要花费大约7.5万美元。

你觉得难以置信，那么你不是唯一一个对此表示怀疑的人。2011年康奈尔大学开展了一项研究，研究者问美国人是愿意钱多一些，还是想要更多的睡眠。大多数人说想要更多的钱。研究人员向受试者提供了两种选择：（1）年薪8万美元，正常工作时间，每晚8小时睡眠；（2）年薪14万美元，常规加班，每晚6小时睡眠。大多数人选择了收入多的那个工作。这是不幸的，因为尽管这份工作从理论上看起来着实不错，你对这个工作感觉也比较满意，但研究却从来没有证明这一点。无论你多么愿意从事第二种工作，科学表明，一旦你的基本需求得到满足，金钱和其他奖励不会让你更快乐。在研究了一种被称为“过度合理化效应”的心理学宝贵术语后，你就会明白为什么会这样。要理解这个术语，我们必须回到1973年，当时一群心理学家以科学的名义毁坏了几个孩子对绘画的热爱。

在整个20世纪，随着心理学逐渐成为一门科学学科，许多心理学家走出了学术界的殿堂，并在对人类进行公开的科学批评后，一跃成为名人。西格蒙德·弗洛伊德让人们谈论无意识和可塑的、隐藏着欲望和恐惧的世界。卡尔·荣格把原型、内向型和外向型等概念放进了我们的词汇中。亚伯拉罕·马斯洛给我们展示了一个需求层次，包括拥抱和性行为。蒂莫西·利里向哈佛大学学生讲解了致幻的蘑菇，并主张整整一代人都应该使用迷幻药去“开启、协调和脱离”。

还有很多心理学家，但在20世纪70年代，斯金纳是心理学的摇滚明星。1971年，斯金纳和他的“操作行为调整箱”登上了《时代》杂志的封面，照片下面印有一份不详的宣言：我们承担不起自由。他对行为主义的研究已经深入到了公众的意识方面，他打算利用他的名人身份来说服全人类，世上没有自由意志这种东西。你们已经在实践中看到了他的发现的应用。“超级保姆”和“狗语者”奖励了受欢迎的行为，惩罚或忽视不受欢迎的行为——他们获得了令人印象深刻的结果。斯金纳可以让鸟儿按照他的指令飞行，或者训练它们像飞行导弹那样飞翔。他发明了恒温婴儿箱，婴儿在里面从来不哭。他创造的教学机器至今仍影响着用户界面。但是，他也吓坏了追求自由的浪漫一代，使他们认为自由或许是一种幻觉。

斯金纳说，人类所有的思想和行为都是对刺激条件反射的反应，是经过调整的反应。斯金纳相信，你所做的一切都是为了寻求奖赏或避免惩罚。你的整个人生就是一系列在进化上精心挑选的怪癖和欲望，而这些怪癖和欲望往往伴随着程式化的兴趣和恐惧。你根本不存在“自由意志”，也没有人可以控制。因为这些都是幻觉，是来自观察自身行为和认知的复杂神经系统的副作用。基于此，斯金纳主张我们通过设定目标来建立一个社会，然后通过积极的强化来引导人们朝着这些目标前进。斯金纳认为人类会懒惰、贪婪和暴力。他说，人类倾向于通过制度、阶级斗争和流血来寻求和巩固地位。他告诉世人，人们不能被赋予自由。相反的是，心理学可以设计一套调整人们行为的系统，让人们朝着积极的目标努力，从而保证所有人的生活质量。

你可以想象，人类若没有灵魂，或者至少没有特别的禀赋的说法，会引起多么大的恐慌。许多心理学家反对这样一种观点，即人只不过是物理定律之上的化学反应，而物理定律的作用就像从山坡上坠落的岩石或将阳光和二氧化碳转化为木材的树木一样。斯金纳声称，你大脑里发生的事情是无关紧要的；决定你的行为、思想、情感、信仰等的是环境，是你头骨外面的东西。对许多人来说，这是一个既大胆又可怕的声明，因此科学开始着手拆解它。

心理学家马克·莱珀（Mark Lepper）、丹尼尔·格林（Daniel Greene）和理查德·尼斯贝特（Richard Nisbett）想弄清楚大脑是否只是对奖赏和惩罚的一堆反应。他们想知道对思考的思考是否比行为学家认为的发挥了更大的作用。在他们的专著《奖励的隐性成本》一书中，他们详细描述了一个特殊的实验，这个实验帮助心理学摆脱了他们所说的斯金纳的"长长阴影"。

1973年，莱珀、格林和尼斯贝特跟一个学前班的几位老师见了面，那个班的学生一直在学习涂鸦，学习制作纸质购物袋。他们提出，孩子们安排了一段自由时间，孩子们可以选择各种有趣的活动。与此同时，心理学家在一面单面镜后面观察，并做笔记。老师们同意了，心理学家们开始观察。为了继续进行试验，他们需要一些天生对艺术感兴趣的孩子。因此，在孩子们玩耍的时候，科学家们寻找那些喜欢画画和涂色的孩子。一旦他们确定了小组中的小"艺术家"之后，科学家们就会在空闲时间观察他们，测量他们对绘画的参与程度和兴趣，以便日后进行比较。

他们把孩子们分成了三组。他们告诉A组的孩子们，如果他们在以下的游戏时间里画画的话，他们就颁发给孩子一份闪闪发光的证书。他们没有对B组的孩子做出任何承诺，但是如果孩子们恰好在游戏时间画画的话，会意想不到地收到一份和A组同学一样的证书。他们对C组的孩子们什么都没有说，即使孩子们拿起三色铅笔和马克笔去画画，也不会得到任何奖励。然后，科学家们观察这些孩子在三天的一系列游戏时间里表现如何。他们颁发奖品，停止观测，等了两个星期。当他们回来时，研究人员观察到孩子们面临着与实验开始前相同的选择。三个小组，三种经历，许多有趣的活动——你认为他们的感觉是如何改变的？

B组和C组没有什么变化。他们走向画具，用从长方形的烟囱里爬出来的弯曲的烟雾流创造了怪物、山川和房子，和他们见到心理学家之前一样快乐。但是，A组却不是如此。他们现在和之前不一样了。A组的孩子花在画画上的时间"明显地少于其他两组孩子"。与实验前相比，他们"对画画的兴趣明显下降"。这又是为什么呢？

A组的孩子们对绘画兴趣消失了，他们的欢乐被"过度合理化效应"冲走了。他们告诉自己的故事与其他组告诉自己的故事是不同的。自我知觉理论认为，你观察自己的行为，然后，在事实发生后，编出一个故事来解释它。这个故事有时候很接近事实，有时候只是一些美好的虚构，只是为了能让你感觉更好而已。例如，还记得斯坦福大学（Stanford University）关于本杰明·富兰克林（Benjamin Franklin）效应的实验吗？在那项实验中，受试者要求在一个小时的时间内，不断地翻动方木块儿，以获得报酬。有些人获得了较高的薪水（20美元），有些人获得的报酬低得多（1美元），但两种受试者都被要求向陌生人讲述自己的体验时撒谎，然后诚实地评价自己的经历。得到了较少报酬的受试者说，那项实验令人兴奋。得到较多报酬的受试者说，那项实验让人感觉很糟糕。两组实验对象都对他们之后的受试者撒谎。但是报酬高的人有正当的理由，把外部奖励作为撒谎的借口。另一组受试者没有安全网，没有外部的"正当理由"，所以在内省时发明了一个"正当理由"。为了不使自己恼火，他们从内心创造的"正当理由"里找到了安慰。他们认为，你知道，当你想到的时候，真的很有趣。如果你还记得，这个被称为"理由不足效应"，即以正面的事物（阳）将负面的事物（阴）"过分合理化"。他们向自己讲述了不同的故事，这些故事是基于他们得到的奖励的大小，以及他们的动机是外在的还是内在的而创作的。在你选择做的每件事的基本层面上，你都受到内在目标或外在目标的驱使。

内在动机来自内在。正如丹尼尔·平克在他的优秀著作《驱动力》中解释的那样，这些动机通常包括优势感、自主性和目标。你完成一些事情，只是因为它们满足你，或者它们让你觉得一个任务完成得更好，或者你感觉到你掌握自己的命运，或者你在某个宏伟的计划中扮演一个角色，或者你正在以某种方式帮助社会。内在的奖励向你和他人展示了你的价值。内在动机模糊不清，难以量化。若是把它们呈现在图表上，它们便形成了延伸到无穷远处的长长的斜坡。在内在动机的激励之下，你努力成为一名出色的大提琴手，或者你志愿参加一个鼓舞人心的政治家的竞选活动，或者你在《我的世界》中建造了“企业号”星际飞船。

外在动机来自外部。它们是用有形的东西换取有形的行为。它们通常在你开始一项任务之前就存在于你的外部。这些动机包括金钱、奖励和分数，或者，在惩罚的情况下，失去你喜欢的东西或得到你不喜欢的东西的承诺。外部动机很容易量化，可以用柱状图或计算器计算。你的加班是为了争取双倍工资，这样你就可以付房租了。你投入大量的时间成为一名医生，希望你的父亲最终会给予你长久以来期望的赞誉。你对芝士蛋糕说“不”，这样你就能在圣诞派对上穿上那条裤子了。你若能向自己承认，获得奖励是你做事的唯一原因——例如，仰卧起坐、使用电子表格、不超速开车。无论奖励是内在的还是外在的，都有助于决定你的叙述背景——要么是市场要么是内心。

正如丹·艾瑞里在其著作《可预见的非理性》一书中写的那样，你倾向于无意识地根据社会规范或市场规范来评价自己和他人的行为。帮助一个朋友免费搬家和帮助一个朋友搬家只是为了50美元的感觉是不一样的。认识了你的约会对象，花了一个晚上，和他一起做奶油沙司薄煎饼，谈论《绝命督师》和《火线》的异同，再跟他躺在一张床上睡觉，这会让你觉得非常舒服，但是如果他扔给你一张百元钞票，说“谢谢，这真是太棒了”。你会感觉被可怕的市场规范的重量压垮了。按照社会规范支付是固有的，因此你的叙述不会受到过度合理化效应的影响。这些回报来自赞扬和尊重，表现为一种掌控感、友情或爱。以市场规范来衡量的报酬是外在的，你的故事很容易被过度合理化。市场报酬是可以衡量的，反过来，它们也可以衡量你的动机，而这就把你在此之前的模糊的动机澄清了，变得能被解释，也很容易合理化。

那些在实验中不再热爱绘画的孩子（A组孩子）这样做不是因为他们得到了奖励，而是因为他们与实验者达成了协议。毕竟，B组的孩子得到了同样的奖励，并保持了画画的欲望。不，其原因不是奖励，而是他们对自己所讲的故事，即他们为什么选择了绘画，为什么画了画。在实验过程中，C组认为，我画这幅画只是因为我喜欢画画！B组想，我只是因为做了我喜欢做的事情而得到了回报。A组认为，我画画时只是为了赢得一个奖励。当所有三组都面临相同的活动时，A组面临的是一个元认知，一个问题，一个其他组所没有的负担。这些孩子问自己，如果没有奖励，我为什么要画画呢？对于这些事情的思考，也就是元认知改变了他们对绘画的态度。外部奖励会不知不觉地影响着你的叙述。正如莱珀、格林和尼斯贝特所写的那样，“在某些情况下，参与一项最初感兴趣的活动，会使人感到参与该活动是达到某种不可告人目的的一种手段，这种情况可能会导致随后对该活动内在兴趣的减弱”。换句话说，如果你得到了一个奖励，让你去做你喜欢的事情，然后你同意了，你以后会问你继续做这件事是因为喜爱还是因为奖励。

1980年，大卫·罗森菲尔德、罗伯特·福尔杰和哈罗德·阿德尔曼找到了一种战胜过度合理化效应的方法。寻找一些发放奖励的雇主——工资、奖金、升职等——这些奖励不是基于雇员完成的配额或任务，而是基于能力。他们进行了一项实验，告诉实验对象他们的目标是找到有趣的方法来提高学生掌握词汇的技能。他们把参与者分成两类，每一类分成两组。在其中一个类别中，受试者将因其出色的工作表现而获得报酬。在另一个类别中，受试者将因完成一项任务而获得报酬。实验对象收到了26个骰子，每个骰子上都有字母，而不是圆点；他们还收到了一叠索引卡片，每张卡片上都有13个随机的字母。受试者按下计时器，用自己骰子上的字母和卡片上的字母造出单词。一旦他们使用了9个字母，或者花了1分半钟的时间，他们就会移动到下一个索引卡，构词活动一直重复，直到实验结束。这个任务非常困难，但非常有趣，在受试者的不断努力下，他们的能力逐渐得以提高。

在“因能力发放薪酬”的类别中，A组被告知，他们的薪酬是基于他们的表现与平均分的比较。在B组，受试者被告知他们将与平均水平进行比较，但没有提到任何奖励。在支付完成类中，科学家告诉C组，每完成一个拼图，他们的支付就会增加，而D组则被告知，他们将按小时支付。游戏结束后，实验者假装计算受试者的分数，并向A组和B组展示他们的成绩。不管他们的实际表现如何，科学家们都会告诉一半的A组和B组受试者，他们表现得很差，一半的人在游戏中表现得很出色。完成任务而获得报酬的C组和D组也被分成两组。一半获得的报酬低，一半获得的报酬高。然后，受试者填写一份问卷，独自坐在一个房间里，手里拿着骰子和纸牌，坐了三分钟。正是在这段独处的时间里，真正的研究开始了。科学家们想知道哪个受试者还会继续玩这个游戏，还会玩多久。

A组和B组的受试者中，因为能力高于一般人而获得奖励的受试者，又拿起游戏玩了超过两分钟，但其中被告知表现得不是那么好的受试者，他们玩的时间会略少于两分钟。C组和D组的人，那些花钱完成比赛的人，玩的时间没有因能力得奖组的受试者长，而且那些得到报酬越少的受试者玩的时间越长。

研究结果表明，当你得到奖励是基于你执行一项任务的表现时，只要这些原因明确，奖励就会生成“内部确认”，使你感到如同触电般的兴奋。奖励越高，你的感觉越好，在未来你越有可能会更加努力。反之，更多的奖励也不会导致更多的产出，也不会激励你做得更好。总之，这项结果表明，奖励如果不能让你自己有成就感，就不能成为激励你做事情的动机。单靠金钱是做不到这一点的。如果仅仅是为了钱，当你向自己解释为什么这么努力工作时，你能想到的只有“赚钱”。

你开始相信你是被强迫的、被收买的，只是为了赚钱。如果没有科学家们所说的“能力反馈”，你就没有理由把自己描绘成一个“坏蛋”。定额、加班和计时工资并不能表示这种能力的大小。完成特定数量任务或达到量化目标的奖励会让你感觉自己像个机器。如果你付钱让人们完成谜题，而不是因为他们聪明，他们就会对游戏失去兴趣。如果你付钱让孩子画画，乐趣就变成了工作。除了表扬和其他赞美之外，对个人成就的良好感觉是强有力的激励因素，但只有在它们出乎意料的情况下才会如此。只有这样，你才能继续讲述让你前进的故事；只有这样，你才能解释你发自内心的动机。

考虑一下你告诉自己的故事，你用这个故事来解释为什么你要做你所做的事情。这个故事在多大程度上受到这些效应的影响？

也许你的故事是这样的：工作只是达到目的的一种手段。你去上班了，所以你得到了报酬。你用自己的努力换取生存的筹码，并用它购买了Etsy网店偶尔提供的蒸汽朋克丁字裤。工作没有乐趣。工作只是为了让你支付账单。乐趣发生在不工作的地方。

如果你是从这个角度看待事情的，你的故事就不会有什么风险。在这样的环境下，斯金纳的假设是正确的：只要有必要，你就会努力工作，以保持得到工资。如果给你更大的奖励，你会更加努力地工作。也许你的故事是这样的：我喜爱我所做的工作，它改变了我的生活。它使我的世界变得越来越美好。我正在慢慢成为这个领域的大师，我可以选择如何解决问题。我的老板重视我的努力，依赖我，并给予表扬。在这种情况下，奖励只会妨碍你的工作。正如卡尼曼和迪顿对幸福的研究表明的那样，一旦你赚到足够多的钱，每天都过得很幸福，那么你的动力肯定来自其他方面。卡尼曼和迪顿的研究似乎表明，一旦你有了床，有了自来水，有了微波炉爆米花，唯一值得追求的物质回报就是奖励——你的价值的象征，表明你对自己和他人的影响力的东西。等级、学位、金星、奖杯、诺贝尔奖和奥斯卡奖——这些都是你能力的简略指标。这些奖励会放大你的内在动机；它们建立你的自尊，增强你的自我效能感。它们表明你在现实世界中已经升级了。你的成就展现了出来。它们帮助你创造了一个你喜欢讲的个人故事。

“过度合理化效应”会威胁到你脆弱的叙述，尤其是如果你还不知道如何对待你的生活。如果你同意做一些你可能会免费做的事情而得到报酬，你就有可能把你的行为看作是由利润而不是兴趣驱动的。条件作用不仅会失败，还会污染你。你冒着这样的风险：相信是报酬而不是你的热情促成了你的努力，而激发未来的热情将是一个挑战。回顾你的行为，并从内在动机的角度来描述它们，变得越来越困难。如果无法衡量的东西被转化成可以插入“特博税务软件”的东西，那么你本来喜欢的工作就会变成单调乏味的苦差事。

14. 自我增强偏见

误解 你设定的可实现的目标是基于你对自己优势和劣势的现实评估。

真相 为了保持清醒和避免绝望，你会对自己的能力抱有不切实际的态度。

做个深呼吸。

不，这并不是在开玩笑。照样子做吧，尽量多吸点儿空气。

继续。来吧，再多吸一点点。好吧。把它呼出来。

你是否觉得你呼出的气不如你吸入的气多？现在深呼吸，然后尽可能多地呼出空气，把它呼出去。再多呼出一点气——尽量把最后一口气也呼出去。好了，屏住呼吸，环顾四周，看看是否有人在呼叫医护人员或警察。

你可能已经注意到，在你生命中的某个时刻，你不可能完全控制你的呼气和吸气。在这方面，你不能完全控制你的身体。你的大脑不相信你可以承担那么多的责任。你的大部分器官在不受你的意念输入的情况下直接工作，这也是一件好事。把胰脏的钥匙交给一个经常把手机落在餐馆里的人可能并不是个好主意。在你身体数不清的生理过程中，你只能控制为数不多的部分的旋转和流动。呼吸是部分控制的功能之一，大多数时候你把它留给你的自动系统来处理。不过，当你控制住呼吸，做一些傻事，例如，屏住呼吸或者试图完全憋住气，你身体内的身体卫士就会阻止你的小小肺泡破裂，发生粘连。在你的大脑中存在一个呼吸抑制模块，防止你用你的自由意志损害你的肺。当然，身体中并不存在这样一个模块，但是想象这样一个东西是有用的，因为结果是一样的。

你的身体也会抵制你过度的自我怀疑。当现实的巨靴开始压向你时，一系列的防御机制会将你推开。就像你的身体会通过呼吸抑制模块来阻止你呼出肺部的空气一样，你也会通过一种绝望抑制模块来保持动力。这是一个相当复杂的心理机制，其中充满了心理学家所说的“积极错觉”。这些错觉就像一个制衡系统，始终在后台运行。总而言之，它们形成了你自我提升的偏见——它就像一副有着玫瑰色镜片的眼镜，你通过它来观察自己。

谢莉·泰勒和乔纳森·布朗在20世纪80年代对肺癌症患者的研究中，发现了著名的积极错觉。在他们之前，心理健康领域普遍认为，你的感知和认知越准确，你就越快乐。这就是人文主义心理学家的咒语——亚伯拉罕·马斯洛和他的需求层次理论，卡尔·罗杰斯和他的以人为本的疗法。在20世纪40年代和50年代，马斯洛和罗杰斯支持一种观点，认为人类不仅仅是肉分子。他们认为，把人的头脑想象成一台生物机器是错误的，它可以在齿轮层面上得到修复和改进，这种说法也是错误的。相反，他们提倡的整体心理健康方法至今仍活跃在公众意识中。他们认为，你是一个有自我意识的生物，渴望提升自我。为了达到这个目标，你首先需要满足生理需求，他们说，一旦你最基本的需求得到满足，你最后的障碍就是成为最好的自己。他们说，最终的目标是自我实现，在这种状态下，你会对自己和他人变得完全诚实。罗杰斯把你如何看待自己和真实的你之间的差异称为自我概念与现实自我的“不协调”。他认为，你越趋向于一致，越趋向于将现实与你的主观经验相匹配，你就会变得越快乐。你将不再对自己的能力撒谎，也不会再隐瞒自己的缺点，而是在反省和交谈中完全敞开心扉，就像一本完全打开的书。

如果人们保持一种现实主义的状态，他们会更快乐，这种想法是一种美好的情感，但泰勒和布朗的发现却与之恰恰相反。他们提出了一种新的理论，认为幸福来自对现实的不切实际的认知。他们说，通过乐观主义和幻想，你可以减轻绝症、高压力的工作或意想不到的悲剧带来的压力。你极其不准确的自我评估让你度过了艰难的时刻，并在形势好的时候激励着你前进。事实上，后来的研究支持了他们的说法，研究表明，对自己极其诚实的人并不如那些对自己的能力有着不切实际假设的人快乐。那些在事情顺心如意时把功劳归于自己，但在遭遇失败或遇到挫折时把责任推给别人的人通常是更快乐的人。

你的解释形态风格是渐变的。一端是你对生活和你在其中的位置不切实际的消极看法，就像是一片黑色的沼泽地。而另一端是关于别人对你和你的能力的不切实际的积极看法。在这个光谱中点的正下方的位置，有一处刺眼的黄光，那就是人们用来审视自己的客观的严苛的目光。积极错觉在那里消失了，一系列能变为“自私偏见”的知觉都无法扎根。大约有20%的人生活在这样的环境中，心理学家称这些人产生的心理状态为“压抑现实主义”。你看待自己的风格如果停留在这个范围内，你往往会经历中度抑郁，因为你注定会认为：这个世界既不值得极度恐惧，也不值得你欢喜雀跃，这只是一个地方而已。你有一种奇特的超能力——能更近距离地观察世界。你对社会现实的更准确的描述会让你感觉糟糕和怪异，主要是因为大多数人的大脑里都植入了一个现实扭曲模块。遗憾的是，你的大脑中既不缺少这个模块，也没有什么故障。有些人反对“抑郁现实主义”这个概念，但是对过去几十年的研究的元分析仍然支持这个概念。它还表明，即使你是那种似乎摘掉了有着玫瑰色镜片的眼镜，你也不可能完全消除“积极错觉”。在你最乐观的同龄人中，那些错觉会缩成脱水的小斑点，和那些妄想狂们比起来显得渺小，但它们并没有完全消失。做人就是要抱有非理性的积极态度，看待你理解和影响你周围的世界的能力。

泰勒和布朗揭示了“幸福”研究的一个新的方面。他们发现你在三种主要的“积极错觉”的魔力下，才能保持幸福。这三种“积极错觉”分别是：(1)“虚幻的优越感偏见”，即对你自己有着不切实际的积极看法；(2)“控制的幻觉”，相信你可以控制每天等待你的混乱；(3)“乐观主义偏见”，相信一个不可能如你想象的那样美好的未来。我们不妨看看这些积极错觉如何运作。我们首先来看一下“虚幻的优越感偏见”行为。

当你被塞进飞机里，或者在地铁里被陌生人推搡时，你有没有想过自己可能是房间里最笨的人？临近节假日的大型商场中，人们挤撞着你，孩子们在尖叫，愤怒的顾客排起了长长的队伍，大声接电话，手机的来电铃声是最新的流行音乐——在那种环境中，你可曾想过自己跟一船的购物者玩“棋盘问答”(一种棋盘游戏)？观看一部大片的首映之夜时，你想过和观众玩那个游戏吗？你是否曾坐在人群中，听着人们随意地谈论着他们嫂子的痔疮手术，而与你周围的人相比，你觉得自己在礼貌和关心他人方面表现得不如一般人？

想象一下，在以上任何一种情况下，你让房间里的每个人都做一个智商测试。你认为你和小组里的其他人相比会排第几位？是排在前面还是垫底？如果你把自己的驾驶技术和路上其他所有人做个比较，你的驾驶技术如何？想象一下，我们创建了一个图表，对你们高中毕业班每个人的烹饪能力进行打分，分值从1到10不等。你认为你自己能得几分？大多数人给自己打的分数略高于平均水平，因此，在这个想象的实验中——除非你知道自己是一个糟糕的厨师或一个优秀的厨师——你可能认为自己的分数是6分左右。

“虚幻的优越感偏见”让你在机场和电影院之间穿行，而不受真实的现实分析的阻碍。这是大脑生成的一种增强效应，让你用比看待别人更积极的态度来看待自己。最终结果是，你会认为自己是独一无二的、与众不同的。你还会认为众人平平，都有些愚笨。有时你甚至会想为什么你周围的人都那么笨，并且你认为他们本来很容易像你一样聪明。

你可能会认为自己在大多数方面略高于平均水平，在少数方面则远远高于平均水平。当你把自己和一个想象中的普通人做比较时，你会发现自己几乎在每个方面都比别人优秀。当然，具有讽刺意味的是，在大多数机场、地铁、电影院和购物中心，里面的大多数人都在想同样的事情。研究表明，普通人认为自己不是普通人。他（她）认为大多数人都是愚蠢的，而自己和大多数人不同。

第二种主要的“积极错觉”是“控制的幻觉”。关于其影响力的研究可以追溯到心理学的开端之年，但这篇具有里程碑意义的论文发表于1975年。埃伦·兰格（Ellen Langer）表明，尽管你完全明白技能和运气的区别，但回想起来，你很难把它们分开。兰格的研究让人们玩打赌游戏。游戏的规则如下：两个人面对面坐着，每个人从共享的牌堆中选择一张牌。然后每个人下一小笔赌注，再翻看自己的牌。拥有分值较高的牌的人，能赢回他所下的赌注，不管多少都可以赢回。但是输的人必须把他输的钱付给研究人员。实验对象不知道的是，他们的游戏对手是“演员”，这些演员被要求在和一部分人做游戏时表现得胆小，但是和另外一些人做游戏时表现得自信。这个胆小的演员迟到了，假装自己被吓到抽筋，还穿着一件不合身的运动服。自信的演员准时到场，主动和受试者交谈，穿着一件合身的外套，还催促科学家赶快开始游戏。在纸牌游戏中谁赢谁输完全是随机的。这是一个纯粹的碰运气的游戏，但兰格指出，当受试者认为玩游戏的另一个人很紧张时，他们倾向于下更大的赌注，而当看到对手似乎对自己很有把握时，他们倾向于下较小的赌注。尽管他们很清楚自己无法知道手中是什么牌，因为这是一场纯粹的运气游戏，他们对获胜机会是否有信心取决于他们认为对方是强是弱。就好像在没有其他参照物的情况下，他们在用自己的"控制的幻觉"较量对手的"控制的幻觉"，而对手若对自己的幻觉显得更有信心，自己下注时就应该更加谨慎。

在另一项研究中，兰格的团队在南新英格兰电话公司（Southern New England Telephone Company）的午餐休息时间询问人们是否愿意帮忙做一项新产品的营销研究。同意的人被带进一个房间，里面有一个奇怪的科学设备——一个大木箱，上面平行安装着金属线。研究人员告诉受试者这是一个新游戏，他们的目标是猜测当这三根金属条与金属笔接触时，哪根金属条会触发蜂鸣器。他们让一组实验对象把金属笔放在一根线上，然后把这支笔从这根金属线的一端移到另一端。研究人员解释说，只有一条金属线会让盒子发出声音，盒子里的仪器会随机选择这条金属线。另一组被告知同样的事情，但是，是研究人员用金属笔触碰金属线，而不是受试者自己操作金属笔。两组人被进一步分成两组，一组被允许在几分钟内摆弄盒子，而科学家们则假装在修理机器，另一组则必须马上选择一条金属线。兰格在挑选金属线之前会问每个人，他（她）对猜中蜂鸣器响起的金属线抱有多大信心。

结果如何呢？那些有时间摆弄那台仪器并拿着笔的人是最自信的。那些让研究人员触碰金属线的受试者，以及那些必须马上做出选择的受试者，感到最不自信。尽管结果完全是随机的，受试者也充分意识到了这种随机性，但他们的信心取决于与神秘盒子的直接接触和对这个木箱的熟悉程度。

和其他的"积极错觉"一样，"控制的幻觉"持续存在，因为你需要感觉到你可以推动这个世界，并注意到它的移动方向。如果没有这种信念，你的精神很快就会衰退，正如兰格在她后来的研究中所显示的那样。在该研究中，当养老院的永久居住者不再被允许选择他们喜欢的活动或安排他们喜欢的家具时，他们的寿命往往会缩短，并患上更多的疾病。

第三种“积极错觉”是“乐观主义偏见”。这种心理建设能够让烟民相信他们自己不会患上癌症，能使得司机相信他们能够在暴风雨时期驾车飞驰，能够使夫妇们相信他们会在自己家的白栅栏后面携手共赴死亡，能够使得移民们相信那些得意扬扬的、固执己见的美国人会在经济不景气时开办新公司。无论你在生活中看到多少与之相反的例子，你都有一种倾向，相信一切最终都会成功。当你相信任何事情都有好的结果时，你很难反驳这个认识。然而，当你观察别人时，这种偏见就消失了。你相信自己的心脏到90多岁还会一直强壮，但是你的堂兄会比你早走进坟墓，因为他们经常买一大堆炸鸡牛排。“乐观主义偏见”也会阻止你为厨房买一个灭火器，或者去做一次定期检查。你的乐观主义偏见让你一直怀有炙热的期望和欢乐，遥望远方。正如心理学家塔里·沙洛特所说，研究表明，你更喜欢周五而不是周日，因为周五充满了对可能发生的事情的乐观白日梦，而周日则充满了对周一将会发生的事情的现实期待。这种期待不断地侵蚀着你。在她的一项研究中，她让人们说出他们觉得自己患癌症的可能性有多大。然后她解释说，科学表明，人们一生中患癌症的概率约为30%。那些一开始的猜测高于30%，然后听到真相的人把他们的估计降低到接近平均值。那些猜测低于30%，然后听到现实估计的人几乎没有提高他们的假设概率。根据沙洛特的说法，正因为如此，那些健康报警标记和“前列腺特异抗原”很少对你起作用。你认为好运总是对你有利，而那些健康报警标记都是给别人准备的。

这三个“积极错觉”需要不断地维护。你把这三种“确认性错觉”联系在一起，它们分别是确认性偏见、后见之明偏见和自私偏见。它们就像插入你大脑中的一个水泵不断地把消极的东西排掉，吸进积极的思想。不是每个人都有一个功能齐全的泵，但大多数人都有。如果你身体内的泵工作正常，它会日夜不停地运转，帮助你在一个决心要证明你不像自己想象的那么棒的世界中生存下来。

确认性偏见，你在这本书中已经见过好多次了。它指的是一种倾向，当信息和事件符合你的期望并与你的信念一致时，你会注意到它并记住它。而当信息和事件挑战你的先入之见时，你会忽视并忘记它们。这就是为什么当你走在路灯下的时候，它总是闪烁不定；为什么每次你洗车的时候，它总是下雨；为什么你那位拿着票的朋友似乎总是迟到。事实是，你只会注意到路灯闪烁的时候，每次洗完车后所下的雨；只注意到了那位性情古怪的朋友让你等待的时候。当这些事情没有发生时，它们就成了心理学家所说的“未发生的预期事件”。“未发生的预期事件”浪费了注意力和记忆，所以它们不会持久。如果你从不寻找与你的信念不一致的东西，尤其是那些让你觉得自己与众不同的地方，你就可以不受挑战，不受蛊惑。

当你面对新的信息或你不可能预知的结果时，你有一种回顾记忆的倾向，并假设，在你知道将要发生什么之前，你准确地预测了刚刚发生的事情。这就是你在工作中的后见之明偏见，让你一直觉得自己知道接下来会发生什么事情。

你可能永远不会知道这种偏见，除非你在自己的日记或一些旧短信中发现自己并无先见之明。这种偏见让过去发生的事情显得不可避免，让你相信未来是可以预测的。然而，对未来的预测极其可怕。看看昔日的科幻电影就知道了。从会飞的汽车到月球上的城市，科幻电影很少能准确预测未来。《星际迷航》里没有互联网，《银翼杀手》里没有智能手机。当你预测自己的未来时，你的大脑就和任何科幻电影一样糟糕。不同的是，电影留下了完美的失败记录，你没有留下失败记录。

当事情朝你预期的方向发展时，你会毫不费力地让别人注意到你对没有未来的贡献。如果你赢了一场比赛，或者得到了晋升，或者取得了优异的成绩，你往往会把成功归因于你的技能、天赋、努力和充分的准备。然而，如果你失败了，或者被忽略了，你有一个习惯，那就是寻找一些外在的东西来做替罪羊——一个刻薄的老板，一个糟糕的团队，一个令人困惑的老师——无论如何都为自己开脱。这种自私偏见会让你认为你在生活中所有对你有利的事情上都有功劳，也会让你在你没有做到的时候免除责任。自私偏见使你很难承认别人的帮助，或运气，或不公平的优势。这不是你性格中的恶意缺陷；这只是你大脑构造事物的方式，这样你就不会停止前进。如果你没有通过那些可以让你成为医生、律师、工程师或狗美容师的测试，你就会注意到你和你的目标之间的所有差距因素，从而保护自我。这样一来，你就可以带着完成这些困难目标所需的勇气和信心再试一次，而要想达到困难的目标，进取心和自信心是不可或缺的。

“积极错觉”以及它的助手构成了一个巨大的错觉群，在每个人的心灵中怦然跳动。虚幻的优越感偏见、控制的幻觉、乐观主义偏见、确认性偏见、后见之明偏见和自私偏见一起，就像沃尔特隆（能变形的超级机器人）一样，形成了一种叫作“自我增强偏见”的心理嵌合体。正如它的名字所暗示的那样，它能增强你对自己的看法。如果你开车，你可能认为自己是一个称职的、体贴的、熟练的司机，特别是与你每天在路上遇到的笨蛋和混蛋相比，更是如此。你若像大多数人一样，你便会相信自己比一般人更有吸引力，更聪明一点，在解决难题和猜谜语方面比一般人更胜一筹，是一个更好的倾听者；而在领导力方面，在遵守道德标准方面，你认为自己远在一般人之上；你还认为你比街上的路人更风趣，如此等等。

2010年发表在《英国社会心理学杂志》（*British Journal of Social Psychology*）上的一份报告显示，你甚至认为自己比别人更有人情味。研究结果表明，无论你身处哪个国家，你都会觉得自己比大多数人更有人情味。当被问及这个问题时，大多数人说他们比普通人更能表现出人类在动物王国中独一无二的特质。2010年，加州大学洛杉矶分校（UCLA）的研究人员对2.5万多名年龄在18岁至75岁之间的人进行了一项调查，结果发现，大多数人对自己的吸引力打分为7分（满分为10分）。这表明大多数人认为自己比一般人好看一点。在30岁以下的受访者中，约有三分之一的人认为自己的得分在9分左右。考虑到不可能每个人都比一般人好看，这种自信显得非常可笑。美国视点公司在2010年的一项调查显示，80%的美国父母认为儿童肥胖是一个日益严重的问题，但是那些同样的84%的美国人说自己的孩子有一个健康的体重，即使疾病预防控制中心估计，大约三分之一的美国儿童肥胖。当心理学家让内布拉斯加大学的教授们评价自己的教学能力时，94%的人说他们比一般的老师教得更好。

即使你不是数学家，也能看出这里面的主要问题。每个人关于高于平均水平的假设不可能是真的。除非一些人坐在钟形曲线的正中间，而另一些人则落在曲线的两边，否则世界上就不可能有平均值。从统计学上讲，如果你对自己的能力有一个完美的衡量标准，你会发现自己在大多数事情上都处于平均水平，但你很难相信这是真的。

1998年，心理学家约阿希姆·克鲁格（Joachim Krueger）和他的同事让一组受试者看一组形容词。这些词汇描述了性格类型：比如专横跋扈、直言不讳、神经质和聪明。然后，受试者对他们认为这些词语描述他们的准确性以及这些词语描述普通人的准确性进行评估。例如，想想“完美主义者”这个词。从1到10，你认为你是一个完美主义者吗？现在，从1到10，给一个想象中的和你年龄、性别相同的人打分。

研究的下一部分要求同样的受试者按照受欢迎的程度给这些特质打分，其中一项是人们普遍回避的一种特质，另九项是每个人都应该渴望增加自己魅力的特质。考虑一下你的答案。现在，你如何评价完美主义的可取性？在这项研究中，大多数受试者认为他们所拥有的特质是社会最看重的。他们认为普通人拥有的特质被认为是最不可取的。如果你认为自己比一般人更追求完美，那么你也会倾向于认为社会更喜欢坚持己见的人，而不是没有严格标准的人。另外，如果你鄙视那些认为有绝对控制权的人，而喜欢用一种宽松自由的方式来解决问题，这就是你认为世界上其他人都欣赏这种特质。

你不仅认为自己高于一般人，并且你也认为你超越普通人的方面，是人性中最好的品质。克鲁格认为，提升自我价值感最可靠的方法之一就是改变你看待自身特点的方式。如果你把你的性格看成优点，把一般人的性格看成缺点，那么你就可以神采奕奕地走出家门，心满意足，根本无须做出改变。然而，正如研究中的实验者所发现的那样，这种影响可以被减弱。当他们要求受试者设身处地为他人着想，并思考具有不同个性特征的人会如何评价自己和他人时，一个小小的顿悟通常会被激发出来，而“自我增强偏见”的倾向就会减弱。就像大多数偏见一样，我们需要的只是暂停思考，然后打破思维的默认设置。

那么，为什么你很少停下来反思呢？是什么让“自我增强偏见”和所有“积极错觉”在你的头脑中滋生呢？为什么几乎每个有意识的人的头脑中，都会有这样一套明显不可能实现的信念呢？

科学家们还不能确定为什么这些关于你有多么了不起的偏见和错觉会存在，但大多数关于这个问题的推测表明，像这样的错觉在人类头脑中如此普遍，它一定在你的祖先们适应环境方面发挥了作用。随着你思考和推理能力的发展，你也发展了混淆真相的能力，以免你看穿了生活的幻觉而变得沮丧。你的祖先睡在泥地上，像洛奇·巴尔博亚（美国1976—2006年间出品的6部系列影片《洛奇》中的主人公，是一个屡败屡战的男子汉）一样，每一分钟都遭受折磨，但要确保不会被击倒。

一些研究人员推测，来自丛林和大草原的过于自信的入侵者可能是如此大胆和令人生畏，以至于当他们冲进敌人的营地时，他们往往比那些胆小和害羞的人做得更好。有些心理学家认为，士气不过是一串“积极错觉”，士气通常被认为是战斗中最重要的因素。对战斗和求偶的自信无疑是理解自我增强偏见来源的一个重要起点。然而，这些可能只是一个更基本事实的变体。一般的推测是，在过去的几百万年里，那些存活了足够长的时间成为你祖父母的灵长类动物在所有希望破灭时没有选择放弃。

多米尼克·约翰逊（Dominic Johnson）和詹姆斯·福勒（James Fowler）在2011年发表于《自然》（*Nature*）杂志上的一篇文章中，提出了令人信服的推测：积极幻觉可能是如何形成的，为什么它们会持续存在。他们认为，从长远来看，在人类历史的大部分时间里，在现代之前人们经常面临的情况下，过度自信助长了一系列其他特征，这些特征使人类没有灭绝，成为化石标本。雄心、决心和团队士气等特征促使人类跨越海洋，驯服农作物。当风把那些船只吹得粉碎，撞在不偏不倚的岩石上，当那些庄稼在无情的阳光下枯萎时，你的祖先的积极幻想就开始发挥作用，将那些被毁坏的事物化成为种种偏见，以这种方式看待事物，从而产生了坚持不懈的精神，不管这种精神有时看起来多么徒劳无功。

约翰逊和福勒指出，你那些潜在的祖先，他们的生活是建立在现实的期望之上的，但他们并没有存活下来。积极幻想肯定是更好的选择。他们推测，早期人类互相竞争资源，如果双方都对自己和对手完全诚实，他们只需看对方一眼，就能准确地估计出谁将在争端中获胜，不用发生任何对抗就会退出竞争。

想象一下，你想要占有一个水坑，但是一个讨厌的人在你到达的同时到达了这个地方，并且拒绝与你分享。这个人看起来可能比你强壮一些，但你不能肯定。他可能是在虚张声势。如果你对自己完全诚实，你就会离开，从而可能使自己从基因库中移除。相反，如果你对对方的了解让你觉得有点自信，你可能会坚持自己的立场，或者自己也会虚张声势。当约翰逊和福勒把这些策略输入到一个计算机程序中，并让模拟的对手面对有限的资源时进行竞争，他们发现，经过几千代人的时间，那些稍微有点过度自信的人开始超越那些对自己缺乏自信的人。只要回报值得为之奋斗，而且双方对他们所面对的东西都很天真，过度自信就会获胜。那些经常高估自己能力的人，从来不会回避那些看似胜负难分的争论。有时候，即使他们处于劣势，他们也会赢，因为对方没有在他们不知情的情况下虚张声势。结果显示，对手的不确定性越大，过度自信就越有利。

你有能力理性地判断复杂系统的风险和收益、成本和回报，但在紧要关头，你可以求助于一个简单而可靠的捷径：只是有点盲目的过度自信即可。事实证明，最好的虚张声势，是连虚张声势的人都不知道自己手里拿着什么牌。如果你能准确地估计出于你不利的可能性——无论是狩猎远征、一对一的战斗，还是哲学专业学生的就业市场——你可能会更经常地避开这种困难。总有大量的证据表明，机会对你不利，足以阻止你尝试生活中的一切。幸运的是，大多数时候你都不知道你会遇到什么，你大大高估了自己成功的机会。像你这样的灵长类动物进化出一种喜欢夸大的错觉是有道理的。这就是那种让你走出洞穴和床的态度。挑战和磨难的无情轰炸让一个人很难成为一个人，无论你必须抵御狂暴的海狸还是贪婪的收账人。那些只比现实主义者努力几个百分点，坚持更久一点的人，比现实主义者更经常地战胜自然。你继承了一种战胜困难的倾向，在徒劳面前保持乐观。

一般来说，积极错觉通常是有效的，但如果不加以控制，它们会导致糟糕的决策和策略。过度自信是一种强大的工具，它可以驱动你的行为，鼓励你在个人生活以及国家、机构的生活中对抗冲突，克服不确定性。但是有时，这种情绪状态也会转变为傲慢和盲目的野心。历史上充斥着自我提升的偏见，既有真实存在的人，也有比喻意义上的。如果你发现自己正领导着数百万人，或正在照看着他们的投资，同样的非理性、不切实际的过度自信也会在你的神经系统中游进，造成灾难性的后果。

你的进化反应是让你的大脑欺骗你，让你去做最适合你的物种的事情，即使这种好处只会在数百万人的一生中显现出来。在一个孤立的例子中，在一个特定的情况下，“过度自信”可能不是最好的精神状态，从这种现实评估中产生的行为可能不是人生多选题中最好的行为。然而，当你把这种情况分解成人类在通往现代化的旅途中所面临的数十亿个问题时，它就会成为通往几乎每一个目的地的首选路径。简而言之，你的大脑通过暗示你比实际更优秀来控制你的情绪，促使你去做更为有效的事情，即使在某些情况下，那将是一个可怕的错误。有时你会停下来思考，然后拒绝这个暗示。有时你并不会拒绝它。正如一些专家指出的那样，这种普遍的战略在没有能力预防或造成巨大伤害的小社会中已经成熟。现代社会是庞大而复杂的，各种制度对许多人的生活有着巨大的约束力。这就是为什么约翰逊和福勒在他们的预测中加入了一个可怕的临别一击。由于你对任何给定情景的了解越少，你就越容易变得过于自信，所以你可以预期，在极其复杂和不可预测的地方，你会发现最具破坏性的过度自信。他们列举出的例子包括政府、战争、金融市场和自然灾害等。

如果你想看到积极错觉在更具烟火气息的领域造成的巨大伤害，你只要看看社交媒体就知道了。你使用社交媒体来调整社会规范，以适应新的表达水平，就像人们有可能看到他们永远不会访问的城市，或者通过网络与他们永远不会见面的人交谈一样。想要通过积极错觉来提升你的自尊是社交媒体中最明显和最普遍的元素之一。换句话说，在那些世界里，你可以选择向别人展示什么，以及被别人看到什么。

目前，年轻人往往大量使用社交媒体，尽管各个年龄段的人都在通过在线媒体、状态更新和不断填充个人资料来维护自己的公共形象。对一些人来说，这样的世界让他们觉得自己像是小规模纪实短片中的明星。如果你有更年轻的朋友和亲戚去更新他们的社交网页，你可能已经注意到他们过度热衷于拍摄嘟嘟嘴照片，他们用笨拙地放在他们脑袋后面的某个地方的相机拍下他们的脸。这些行为都事关自尊，保持强自尊的冲动能够导致人们做出各种奇怪的选择。

例如，想象这样一个场景，你正在公园里散步，一边欣赏着一只看不见的鸟的歌声，一边欣赏着湖面上随风荡漾的涟漪上的灯光舞蹈，这时你瞥见湖岸上有一盏铜灯。你拿起它，立刻意识到这不是什么华丽的破管子——不，这是一件有质量和价值的物品。稍微打磨一下，也许这东西会……哇！当你用袖口擦亮它的时候，一股神奇的灰尘和蒸汽旋涡包围着你，从那团缭绕的烟雾中，出现了一个蓝皮肤的、没有腿的精灵，他咧着嘴巴笑着，浑身散发出刚刚烤熟的布朗尼蛋糕的香味儿。

那个精灵给予了你回报，因为是你通过精心的擦洗才把他从灯里解放出来。不幸的是，他只能满足你多个愿望中的一个愿望。他对你说，你只能从以下的四个选项中选择一个：（1）一张大额支票；（2）跟你选定的伴侣进行无约束的梦幻般的约会；（3）一顿能够给你带来你所能想到的所有乐趣的美食；（4）一句发自内心的赞美。你会选择什么？布莱德·布希曼（Brad Bushman）、斯科特·莫勒（Scott Moeller）和詹妮弗·克罗克（Jennifer Croker）在2010年发表的一项心理学研究中，也提出了类似的观点。作为一系列探索自尊的实验的一部分，他们要求大学生对普通人所渴望的各种事物进行评价——食物、性、金钱、友谊、赞美——并要求受试者说出他们对于这些事物的渴望程度和喜爱程度。那么受试者的首选是什么呢？赞美。在对高中生和大学生的研究中发现，提升自尊通常比年龄长的人认为的适当奖励更有吸引力和诱惑力。当你询问一个不到25岁的年轻人在他（她）人生的第一个阶段，他（她）想要什么——性、比萨，还是外界对他（她）的正面评价——大多数人倾向于说想要得到赞扬，即使这个人很长时间没有享受过其他两个选项。同样的研究人员在另一项研究中发现，与其他奖励相比，选择能增强自尊的事物的这种倾向会随着时间的推移而逐渐减弱，但不会完全消失。

一些研究者，如心理学家琼·特文奇说，在这个人们渴望赞美，而不是渴望性或者比萨的新世界里，在这个自我增强偏见被释放，人们得以肆意妄为的新世界里，“自我增强偏见”已经造成了一种新常态，其中，数代人的“积极错觉”如今已经变成了一种成熟的自恋。特文奇在她的著作《自恋流行病》一书中说，她的研究表明，自20世纪80年代中期以来，美国临床定义的自恋率的增长速度与肥胖的增长速度相同。她使用了与精神病学家测试病人自恋程度相同的测试方法，并发现，在2006年，四分之一的美国大学生的测试结果呈阳性。这才是真正的自恋，这种自恋导致了人格障碍的诊断。在她看来，这是一个危险的趋势，而且有加速发展的迹象。特文奇说，自恋式的过度自信跨越了界限，玷污了被适度自信改善了的事物。一旦跨过了这条底线，你就会变得不那么关心他人的幸福，变得更加物欲横流，沉迷于社会地位；除此之外，你还会失去所有的约束，而这些约束通常会阻止你可悲地高估自己处理甚至是挺过危险处境的能力。在她的书中，特文奇将这一趋势与2000年代中期的房地产市场崩盘以及同一时期真人秀节目的显著增加联系起来。特文奇认为，不付出任何代价就可以一举成名的欲望已经被人们看作是一种妄想的行为，变成了可以预测的自尊，而这是由于两代人的父母人为提高了自尊，使其走火入魔，然后把子女放入一种文化中，那种文化里充满了新技术，就在这些人最需要新技术增加其“自我增强偏见”时，那些技术出现了。特文奇的研究表明，真人秀节目的制作花费了20年不断完善，短片中的那些现代明星只是有代表性的一小部分人，这些人不但想参加那些表演，而且还知道自己应该拍什么。有经验的制片人知道谁将为数百万人提供最好的电视娱乐节目，于是便把这一小部分明星选了出来。其结果是，新一代的名人产生了强烈而有力的积极幻想，相比之下，当代美国青少年的自恋过度自信现在更容易被视为是再正常不过的事情了。

希望看到自己比一般人优秀，比真实的你更有能力，技术更好，更加聪明、漂亮，可能是嵌入在你的心灵深处的想法。它是人类数百万年进化的副产品，在数百万年中，人类战胜了种种生存障碍，超过了地球上99%的物种。尽管如此，在你出生以后，你的过度自信还是被一些事情冲淡了。

当然，生活经验可以增强或抑制这些感觉。你父母对你成长方式的选择也是主要的影响因素之一。你们这一代人的态度极大地影响着你们自我提升的方式。例如，一个1850年在孤儿院长大的女孩，可能会用生活的一些不同方面来判断自己的自尊，而一个2012年在体操比赛中长大的女孩，则是根据生活中的另一些方面来判断她自己的自尊。除了所有这些因素，你成长和发展的文化也会产生巨大的影响。在20世纪后期的美国，个性和自力更生被灌输到了大多数公民的脑海中；而在日本，大多数人被鼓励要重视相互依存和集体团结。

20世纪90年代，心理学家黑兹尔·马库斯（Hazel Markus）和北山信（Shinobu Kitayama）进行的跨文化研究表明，许多亚洲文化都在积极抑制自我提升的冲动。正如他们所说，西方的“吱吱响的轮子先上油”（会哭叫的孩子有奶吃）的概念在东方文化中被视为“突出的钉子先被砸回去”（枪打出头鸟）。他们指出，美国的“自立训练方法”鼓励人们在离开家之前对着镜子说一百遍“我很漂亮”；而在日本，人们很乐意做一些事情，比如手牵手，告诉同事们说“我们很漂亮”。

马库斯（Markus）和北山信（Kitayama）指出，在这样的文化中，人们在经历了一系列失败后会比在第一次就轻松成功后更有信心。自尊来自融入并为整体的幸福做出贡献。他们说，生活在这样一种文化中的人，如果他们的个人成就从未使他们与众不同，或者没有为他们带来个人的赞扬或名声，他们就不会感到失望。别人眼中的不赞同比表扬更为重要，因为表扬有可能不是真实的，因而不可靠。正如马库斯和北山信所说，那些有相互依赖的自我的人通常不会声称自己比别人好，如果优越感确实在他们的头脑中蔓延时，他们会感到气恼。你可能已经注意到了西方文化中东方理念的蛛丝马迹，一些亚文化和政治阵营常常会赞美那种导致了相互合作和集体所有制的情感，这是符合“减少自我增强，更加重视相互依赖”的理念的。这些亚文化中的人们甚至可能接受亚洲社会的一些观点。同样地，反对阵营提供了另一种观点，他们推崇个性和个人自由，在一定程度上刺激了自我提升的感觉，以至于“自我增强感”被放大了很多。

一个世纪的实验数据证明了你日常经验与行为的一个核心事实：你会花费大量的时间和经历来维护你的自信心。你的自尊底线越高，你就越能保护它。它在你的日常生活中有时候会高，有时候会低，起起落落，但是总有一种能够掌控世界的感觉让你继续前进。你觉得自己非常有力量。你觉得你可以控制你的环境。你觉得自己可以做出选择，那些选择能够使你的生活变得更美好。心理学家将这种掌控命运的感觉称为自我效能感。著名心理学家斯金纳（B. F. Skinner）说，你的核心人格是在你整个童年时期进行的微小科学实验的过程中形成的。他发现了一种行为模式，他称之为“反应与强化刺激”。想象一下，当你还是个孩子的时候，有一年在节日聚会上，你在弹奏钢琴，每个人都来听，然后每个人都鼓掌、大笑、称赞你。斯金纳说这增加了你的效能感。以后在类似的情况下，你可能还会再试一次，如果再次成功，你就会把弹钢琴添加到你用以吸引他人注意力的计囊包中。他相信，随着时间的推移，你会了解到，各种各样的情况和行为会让你得到关注、赞扬或其他奖励，你开始让自己始终处于一种允许与外部世界进行这种交流的环境中。你在这些行为和情境中建立了一种自信，你可以相当肯定地说，这会给你带来回报，或者如他所说，是一种激励。他说，正因为如此，你才决定不参加某些聚会，而只去参加另一些聚会。也正因为如此，你选择跟一些人成为朋友，而另一些人会在几秒钟内让你失去兴趣。你倾向于保护一个你自己创造的泡泡，并终身对它进行培育。这个泡沫就是“积极错觉”，它让你对自我感觉良好。当你面对不熟悉的问题时，你的控制感和总体态度会让这些美好的感觉流血。在自尊和自我效能的共同作用下，你每天早上起床，继续面对来自那个无情的世界中更多的惩罚。

对自我增强的研究表明，对所有人类来说，没有一个固定的自信心水平。相反，人们会对自己的能力和自我价值做出各种各样微妙而复杂的假设。和大脑的很多方面一样，在现实世界中也存在一个光谱，你会落在这个光谱的某个地方，但是当你把人类作为一个整体，并且认为人类都具有一般人的性格，那么大多数人会认为自己比所有人的平均水平要高一点。当涉及自我的更模糊和更可取的方面时，你很有可能也会这么做，不管你认为这些方面是什么。你的文化和你所处的时代深刻地影响着你的看法，而你的“与他人比较”的自省模块中的出厂设置似乎处在略高于中点的地方。了解了这一点，你就可以预测你和其他人将如何处理困难和复杂的问题，也许你就可以得出不那么愚蠢的结论，并制定出绝非愚蠢的行动计划。

要知道，那些确实战胜了所有困难的人，那些在一次又一次的失败后仍然坚持不懈的人，最终会成为唯一可以与你相比的人。他们是那些讲述励志故事的人，他们克服了重重困难，从不向怀疑屈服。其他人，那些尝试过但失败了的人，才是构成真正大多数的人——但是他们没有被邀请在大学毕业典礼上发言。

众多的错觉对人类来说是一个有用的进化技巧。一个人很难在只有几个朋友的情况下，在充满敌意的岩石上空飞驰。即使你很幸运地生活在一个富裕的、受过教育的、工业化的21世纪国家，并且出生在一个生活在贫困线以上的家庭，你也很难做到这一点。在这样一个地方，与数十亿不幸的人相比，你活得像个国王。如果你住在一个如此美妙的地方，想想所有你感受到和目睹的抱怨和悲伤。你想要的和你拥有的之间的鸿沟，突然失去所爱的人，对爱的渴望和无回报的思念——不管你过得有多好，你对眼泪并不陌生。显然，善于思考并不是一件容易的事情。当我们意识到我们在如此多的冲突面前，不管是真实的还是想象的冲突，是如何过得理所当然，我们对幸福和满足的追求是多么的不可思议，这就是一个证明。自我增强偏见及其所有的积极错觉，缓和了这个星球上许多与贫穷、战争、饥饿和疾病作斗争的人的考验和苦难。在有些地方，一堆堆的垃圾像低矮的山脉一样延伸开去，每天都有大批的孩子聚集在一起，跟在巨大的卡车后面捡垃圾。孩子们整天都在捡垃圾，经常光着脚，被附近焚烧垃圾产生的烟雾呛到无法呼吸。在有些地方，人们每天上班时都在担心狙击手的射击，担心自杀式炸弹袭击。在有些地方，水是棕色的，人们常常食不果腹。

纵观人类历史，总有一些时期，人们承受着巨大的负担，艰难地忍受着似乎无法逾越的苦难。从集中营到死亡游行，到瘟疫和战争，那些和你有着相同思想的人经历过恐怖的事件，并幸存了下来。同样，你与那些每天生活在可怕的压迫之下的人分享一些惊人的东西。如果你被从这个世界上舒适的地方拉出来，承担起他们的困境，如果你的意志正在经受那么高强度的考验，有一个不变的事实是肯定的：你将会恢复。你是不会放弃的。

15. 不对称认知错觉

误解 你崇尚多样性，尊重他人的观点。

真相 你在不断创造和组成群体，然后仅仅因为别人不属于你所在的群体就被认定是错的。

1954年，在美国俄克拉何马州东部，两群孩子几乎把对方杀死。

这两个邻近的部落不知道彼此的存在。另外，他们生活在大自然中，做游戏，搭帐篷，准备食物——他们和平度日。每种文化都有自己的规范和行为准则。每种文化都提出了解决生存关键问题的新方法。每一种文化命名了小河、岩石和危险地带，这些名称在各自群体中尽人皆知。他们互相帮助，关心部落成员的安康。

科学家们站在一旁，认认真真地记着笔记，轻声细语地交谈。这两个群体为人类学家和心理学家们提供了关于人们如何建立和维持群体，如何建立和保持等级制度的宝贵资料，科学家们开始频频点头和交换目光。科学家们想知道，如果这两个群体相遇会发生什么变化。

这两个部落一共有22个男孩，年龄在11—12岁，心理学家穆扎费尔·谢里夫（Muzafer Sherif）把他们带到俄克拉何马州罗伯斯山洞州立公园。他和他的团队把两组人分别安排在不同的巴士上，然后开车把他们送到公园里的一个童子军营地——那种有小木屋、洞穴和茂密的荒野的营地。在公园里，科学家们把两个孩子分别放在营地的两边，大约相隔半英里，并对每一组孩子隐瞒另一组孩子的存在和位置。孩子们之前并不认识彼此，谢里夫认为，让他们离开自己熟悉的文化，进入一个新的环境，会鼓励他们从零开始创造一种新的文化。

他是正确的，但是当这些文化形成的时候，一些邪恶的东西同时出现了。有一种行为在男孩们的脑海中生成，而在此时此刻，确实你此刻最不想看到的，它让你的生活变得比原本更艰难。我们马上会知道它是什么。首先，让我们回顾一下心理学史上最生动、最可怕的实验之一。

谢里夫和他的同事假装是营地的工作人员，类似于营地的顾问，这样他们就可以在不干扰他们的情况下记录人类形成部落的自然驱动力。很快，社会等级制度开始出现，男孩们确立了领袖和追随者，并为中间的每个人设立了特殊的角色。行为规范就自发生成的。例如，当一个男孩的脚受伤了，但直到睡觉前都没有告诉任何人，所以，自称为“响尾蛇”的孩子们都认为不抱怨是理所当然的。从那时起，那个群体的成员都会一直等到一天的工作结束后才会公布伤情。当一个男孩哭的时候，其他人对他不理不睬，直到他平静下来。

各种规章制度和仪式也同样迅速地产生了。地位高的成员，也就是这两群男孩中自然产生的领导者，提出了在用餐时做祷告的指导意见，以及各个成员在仪式上的正确次序。没过几天，领导者最初武断的建议变成了人们做事的方式，并且还是在没有人提示或训斥的情况下产生的。他们创造了游戏，制定了游戏规则。他们开展了清理某些场地的项目，并建立了指挥系统。懒鬼受到惩罚；超额完成工作的孩子得到称赞。他们创造出了一些气质，还竖起了路牌等标志。

很快，这两组人开始怀疑他们并不是单独的群体。他们开始查找证据证明这里还有其他的人。他们在自己不记得去过的地方发现了杯子和其他文明化的标志物。这增强了他们的决心，这促使这两个群体更严格地遵守他们的新规范、价值观、仪式，以及各自文化的所有其他元素。第一周结束时，“响尾蛇”队的孩子在营地的棒球场上发现了另外一些孩子。从此，两组人都把大部分时间花费在思考如何对付他们新发现的对手上。无名组的那群人打听起了那些外人的情况。当被告知另一组自称为“响尾蛇”队时，无名组的成员选出了一名棒球队长，并请求营地的工作人员批准他们跟对手打一场棒球赛，以此来较量一番。他们把自己的棒球队命名为“老鹰”队，因为他们认为老鹰是一种能够吃掉蛇的动物。

谢里夫和他的同事已经拟定好了计划，让这两群孩子在竞技运动中相互竞争。他们不仅想研究群体是如何形成的，而且还想研究他们在资源竞争方面是如何行动的。男孩们已经渴望在棒球场上争夺统治地位的事实似乎正好符合他们的研究。于是科学家们进入了第二阶段的研究。这两个群体得知他们不仅可以在棒球场上，还会在拔河、橄榄球、寻宝游戏和其他夏令营主题的比赛中与对手竞争时都欣喜若狂。科学家们还透露会有一定的奖励。获胜者将获得为数不多的奖牌或刀具。当男孩们赢了刀，一些人会上前亲吻他们，然后冲过去把武器藏起来。

谢里夫注意到，这两组孩子都花了很多时间用来谈论对手是多么的愚蠢和粗鲁。他们给对方起外号，起了很多很多的外号，似乎每天晚上都在忙着定义他们对手的本质。谢里夫被这些操作迷住了。一旦对有限资源的竞争成为一个因素，这两个群体就需要另一方处于劣势，所以他们开始这样定义对方。这样一来可以增强他们自己的身份，认为敌人的身份与他们自己的身份相去甚远。他们从对方身上学到的一切都成为反面教材内容，他们两个群体之间的任何相似之处都被忽略了。

研究人员一边收集数据，讨论他们的发现，一边设计一系列的活动，但是男孩们却制定了其他的活动计划。这使得实验差点儿失去了控制，先从“老鹰队”的孩子们说起。

有一天，老鹰队的一些队员发现响尾蛇队的旗子竖立在棒球场上，并且无人看守。经过一番讨论后，他们决定把旗子从地上拔出来。拔了那面旗子后，他们又决定烧掉它。然后他们把旗子的灰烬放在球场插旗子的位置，并且还唱起了《美军葬礼小号曲》（用于升旗仪式、葬礼和纪念仪式）。后来，响尾蛇队看到了这一暴行，并组织了一次突袭，他们偷走了老鹰队的旗子，并把旗子烧掉作为报复。当老鹰队发现复仇之火燃烧时，就发出一个挑战——领头人进行对峙。然后，两群人的头目会面了，准备当着两组人的面互相攻击，但科学家们介入并阻止了争斗。那天晚上，响尾蛇成员身穿迷彩服，袭击了老鹰队的小屋，掀翻了床铺，撕毁了蚊帐。当两群人开始四处搜索和收集石头时，工作人员再次介入，对暴力行为进行制止。第二天，响尾蛇队在一条从老鹰队偷来的蓝色牛仔裤上涂满侮辱性的涂鸦，在对方的营地前游行示威。老鹰队成员一直等到响尾蛇队成员吃东西的时候，才进行报复性袭击，然后跑回小木屋设防。他们往袜子里装满石头，然后等着对方上门。夏令营的工作人员再次介入干预，说服响尾蛇队不要进行反击。突袭还在继续，干预也在继续，最后响尾蛇队偷走了老鹰队的刀和奖章。老鹰队决心夺回这些物件，于是就成立了一个有组织的战争小组，分配任务和规划战术演习。两群人终于打了起来。科学家们结束了这场格斗。由于担心这两群人可能会做出杀人的举动，研究人员把两个群体的营地搬到了相距很远的地方。

你大概想知道这个故事的结局是什么。你知道，在适当的条件下，成人，甚至儿童，都有可能变成野蛮人。你也知道速溶咖啡文化（非正式社会聚会的文化）。你还记得在中学时代，你在小隔间里工作过。你看过斯蒂芬·金的电影。处在新环境中的人本能地形成群体。这些群体形成了自己的语言癖好、笑话、行为规范、价值观等。你可能已经认为，经济崩溃会导致一场争夺主权的战争。在这项研究中，他们所要做的就是引入资源竞争，于是夏令营就成了《蝇王》。

然而，你可能没有注意到的是，每天有多少类似这样的行为在你的意识表层之下汩汩作响的。你不是在磨矛，但在某种程度上，你在思考你在社会中的位置，考量你的忠诚和你的对手。你把自己视为某个群体的一部分，而不是其他群体的一部分，就像那些男孩一样，你花了很多时间定义局外人。你看待他人的方式深受一种错觉的影响，心理学家将其称为“不对称认知错觉”。但要理解它，我们首先要考虑群体，例如人群，是如何拥有身份的。无论是个人还是团体，这些身份都不是真实的。

希望到现在为止，你已经和你的朋友们有过深夜谈话的经历，其中充满了疲惫、兴奋、恐惧或者迷醉，你们最终承认你们都是在胡说八道。如果你还没有这样的经历，那你去看《早餐俱乐部》再回来。你可以这样来做：你在上班前会戴上面具，穿上制服。你换了另一套衣服才去上学。你去和不同信仰的朋友会面时穿一套衣服，和家人会面时又会穿上另一套衣服。在爱人或朋友面前，和你独处的时候又不一样。当你在杂货店偶遇高中时的老朋友，或者在去电影院的路上遇到了前任，你就会像电话亭里的超人一样迅速改变。当你和那个人分开时，你会迅速地变回来。你一离开那个人立马就恢复了原样。你遇到的那个人已经原谅了你。他（她）知道这是怎么回事，毕竟他（她）也是伪装的。这不是一个崭新的或新奇的概念，在不同的场合有不同的身份，但这也不是你经常谈论的话题。这个想法由来已久，person一词来源于persona，这是一个拉丁词，指希腊演员有时戴的面具，这样坐在后排的观众就能看到他在舞台上是谁。这一概念——演员和表演、角色和面具——在历史上一直相互交织并被采用。莎士比亚说："整个世界是个舞台，男男女女，演员而已。"威廉·詹姆斯说，一个人"有多少个认识他的人，他就有多少个社会自我"。卡尔·荣格（Carl Jung）特别喜欢"角色"的概念，他说人格是"一个人在现实中不是真正的自己，但他自己和其他人都认为他是的那个人"。这个概念由来已久，但你和其他人似乎在青少年时期偶然发现了它，暂时忘记它，后来突然再次想起，有时你觉得自己像个骗子。这是好的，这是一种自然的感觉。但是，如果你不偶尔后退一步，对自己戴着社会构建的面具，穿着社会给你的制服感到恐惧，你可能就是一个精神病患者。

社交媒体搅乱了"身份"这个问题。你是一个公共关系的杰作。你不仅可以自由地为论坛、网站和其他数字酒吧创造不同的自我，而且你可以控制你从一个社交媒体服务到下一个社交媒体服务的角色输出。随着展示你烹调技术的"推特"和"Instagram"的页面照片，你发送到网络上供你回顾评论的有趣表情包，你拥有的新事物、你去过的新地方——它们讲述了你想成为什么样的人的故事。他们满足了你的某种愿望。是否有人点击这些链接？是否有人在嘲笑这个视频？

最近，人们对过度分享的文化和可能失去隐私的大惊小怪只是无知的吵闹。作为一个互联网公民，你混淆了你的真实自我。为了达到目的，你隐藏着你的恐惧、你的违规逾矩之念，你对意义的脆弱的渴望，渴望意义、渴望目标、渴望联系。在一个你可以控制一切呈现给观众的世界里，无论是国内的还是想象的观众。在这样的世界里，呈现出哪些真实的东西，取决于你把电脑另一端的网民看作什么人。你会为你的父亲或婶婶要求成为你的脸书好友而烦恼。他们会怎么看待你呢？在现实生活或照片中，人们似乎有一种内在的欲望，即在一个群体中隐藏自己的某些方面，而在另一个群体中暴露自己的某些方面。你可以在很多不同的方面变得脆弱，但并不是一下子就变得脆弱。

所以你戴上社交面具，就像远古时代点起第一堆篝火的每个人一样。你似乎对这些面具很有信心，相信它们能传达你想要展示出的东西，又能隐藏你希望隐藏的东西。社会群体也戴着这样的面具。政党制定纲领，公司发给雇员公司手册，国家制定出宪法，树屋柱俱乐部贴出俱乐部原则——人类的每一种聚会，每一个结构，从时装秀到自然资源管理局，都制定了一套准则和价值，以保持联系，既用于联系群体内成员，又用于识别其他群体成员的身份。然而，奇怪的是，一旦你觉得自己被纳入了人类的制度或意识形态之中，你就会不由自主地通过一种被称为“不对称认知错觉”的扭曲镜头来看待局外人。

你有多了解你的朋友？请从众多朋友中挑选一位你经常联系的人。你看到他欺骗自己和别人的那些小把戏了吗？你是否知道是什么阻碍了他说实话，并且赞赏他自己并不欣赏的美妙才能？你知道他需要什么吗？在大多数情况下他可能会怎么做？你注意到他什么时候故作姿态，什么时候脆弱无比？你知道他最喜欢的礼物是什么吗？你希望他从来没有和某某人约会过吗？你是否有时会自信地说：“你真应该去那儿，想必你会喜欢”？研究表明，你可能会感受到所有这些，甚至更多。

你把你的朋友，你的家人，你的同事和同辈视为半渗透的存在。你可以轻松地给他们贴上标签。你把他们视为艺术家、爱发牢骚的人、懒人和成就非凡的人。你会这样谈论，“他们做了什么？哦，这并不奇怪，因为他们本来就是那样的人”。你知道谁会和你一起看流星雨，谁会和你擦肩而过。你知道向谁询问火花塞的问题，也知道向谁询问种植菜园的问题。你相信，你可以设身处地地为他们着想，预测他们在任何情况下的行为。你相信除你以外的任何人都是公开的。当然，研究表明他们对你也有同样的看法。

2001年，艾米丽·普罗宁和李·罗斯，以及贾斯汀·克鲁格和肯尼斯·萨维茨基，进行了一系列实验，探索为什么人们会这样看待他人。在第一个实验中，他们让受试者填写一份问卷，要求他们先想出一个自己最好的朋友，并评估他们对他或她的了解程度。他们向受试者展示了一系列冰山淹没在不同水位的水中的照片，并要求他们圈出与他们认为能从朋友身上看到多少"本质"相关的照片。他们问，你的朋友的真实自我有多少是可见的，有多少是隐藏在冰山表面之下的？然后，他们让受试者完成第二份问卷，把问题反过来，让他们把自己放在朋友的脑海里。他们认为他们的朋友能看到多少他们自己的冰山？大多数人认为他们对最好的朋友的洞察力是敏锐的。他们看到更多的冰山漂浮在水面上。在另一方面，他们觉得他们的朋友对他们缺乏洞察力；他们自己的大部分都被淹没了，对他们的朋友来说他们是看不见的。你相信别人看到的冰山比你看到的冰山多；同时，他们对你也有同样的看法。

这些研究人员还要求人们描述一个他们感觉自己最像真正自己的时刻。大多数被调查者（占78%）描述了一些内在的不易察觉的东西，比如看到自己的孩子出类拔萃的感觉，或者为观众演奏后响起的掌声。当被要求描述什么时候他们认为朋友或亲戚最能说明他们的性格时，他们说出自己内心感受的次数只有28%。相反，他们倾向于描述行为：汤姆在讲下流笑话时最像汤姆，吉尔在攀岩时最像吉尔。你看不到别人的内心状态，所以你通常不会用那些状态来描述他们的个性。

当他们让受试者将一些缺了字母的单词补充完整（例如g_ _l，可以填为goal、girl、gall、gill），然后问他们有多少人相信这些填字任务揭示了他们真实的自我，大多数人说这些单词根本没有揭示他们的自我。同样是这些人，当他们看到其他人的单词完成情况时，他们会说："我感觉不管是谁做的，都是很虚荣的，但基本上是个好人。"他们看了被人填写的那些词，然后说填这些词的人是自然爱好者，或者正值例假期，或者是积极思考的人，或者是需要更多睡眠的人。如果这些单词是他们填写出来的时候，他们觉得这些词反映不出什么，毫无意义。当那些单词是别人填写出来的，他们就认为这些单词反映了填词者的自我。

当普罗宁、罗斯、克鲁格和萨维茨基把这个实验的范围从个人扩展到了群体时，他们发现了另外一种"不对称认知错觉"。他们让实验对象定义自己要么是自由派要么是保守派，在另一项实验中，要求他们声明他们要么是支持堕胎的，要么是反对堕胎的。这些小组填写了关于他们自己信念的问卷，以及他们对他们信念的解释。然后，受试者又对其对立面的认知能力做出了判断。结果显示，自由派认为他们对保守派的了解比保守派对自由派的了解更多。保守派认为他们对自由派的了解比自由派对保守派的了解更多。两组人都认为他们比对手更了解自己对手。那些支持堕胎和反对堕胎的群体也是如此。

“不对称认知错觉”似乎使你对其他人的了解大大超过了其他人对你的了解。不仅如此，“不对称认知错觉”还让你觉得你比他们更了解他们自己。你对自己所属的群体也有同样的看法。作为一个整体，你的群体比局外人更了解你的群体；而你对自己群体的了解，又超过了其他群体成员对你所在的群体的了解。

研究人员解释说，也就就是因为如此，你才会认为，你的想法和感知是真实的、准确的、正确的，因此，如果有人从不同的角度看待事物，或者在某些方面不赞同你的意见，你就认为这是出于偏见，或者是受了某种影响，又或者这就是他的一个缺点。你常常觉得对方一定在某些方面受到了某种影响，否则他会以你的方式看待这个世界——而这种方式才是正确的方式。这种“不对称认知错觉”屏蔽了你对不赞成者的洞察力，让你不能把他们看作是各具特色和性格复杂的人。你倾向于用灰色的阴影来看待你自己和你所属的群体，却把其他人或者其他群体看作是纯粹的原色，他们之间缺乏细微差别，也没有复杂性。

在俄克拉何马州的那些男孩之所以结成了两个群体，是因为人类必须要结成群体，才能逃离塞伦盖蒂平原、建造金字塔和发明太妃糖。所有的灵长类动物都依赖群体生存和繁衍，而人类群体若想兴旺也最需要依靠群体。结成群体是人类天生的本能。谢里夫和那些男孩们在“罗伯斯山洞公园”里的实验研究表明，即使在一个文化真空环境中，你也能很快、很容易地做到结成群体，并展示出你与生俱来的对规范和仪式的追求。但这种行为也有黑暗的一面。正如心理学家乔纳森·海特所说，我们的思想“将我们团结成团队，将我们与其他团队分开，使我们看不到真相”。正是因为最后一点，也就是让你看不到真相这一点会让你陷入麻烦。你扮演着某个角色，把自己装成另外一个人，并且认为你的伪装要比你的朋友、家人和同伴的更厚实、更坚硬、更难被看穿。你还认为，当你因属于一个团队、一个部落、一个群体、一个政党、一种意识形态、一种宗教或一个国家而感到温暖舒适时，你就会本能地把其他人看作是群体之外的人，变成局外人。正如士兵们会给敌人起贬损的名字一样，每一种文化和亚文化都有一套对外来者的称呼，以便更好地把他们看作局外人、看作头脑简单的群体。你倾向于结成和加入群体，然后相信你的群体比外部群体更加与众不同。

在一场政治辩论中，你会觉得对方根本不理解你的观点，如果他们以你的视角看问题，他们就会理解你的观点，并自然地与你的观点一致。他们一定不理解你，因为他们若是理解你，便不会像他们那样思考问题了。相反，你认为你完全理解他们的观点，但是你拒绝接受。你不需要听他们详细解释，因为你已经比他们更了解了他们的观点。因此，双方都认为自己比对方更了解对方的观点。

研究表明，你和其余的人一样都将继续组成群体、分开、解散，除非外星战舰围攻我们的城市，否则就不会出现最乌托邦的梦想，即每一个个体的微观文化组成了一个宏观的单一的文化。在谢里夫的研究中，他告诉罗伯斯山洞公园实验中的男孩子们，他们的供水管道被外来人破坏了，那么在一定程度上重新让他们整合起来。这两组人能够团结起来，共同修复水管。后来，他又设法使营地的一辆露营车抛锚，要求孩子们一起用绳子拉车，把车发动起来。虽然两组孩子没有完全融入一个群体，但敌对状态已大大缓和，这两群人甚至乘坐同一辆巴士回家。如果研究继续开展下去，他们可能会重新融合成一个群体。当我们面临共同的问题时，和平似乎是可能的，但现在我们需要做的是融入到我们所在的群体中。这完全正确。

你选择了一个群体，并像罗伯斯山洞公园的男孩们一样，你花了很多时间谈论对立的群体是多么的愚蠢和粗鲁。你也会全神贯注于定义你的敌人的本质。你也需要对手比你差，所以你这样定义对手。你开始相信你的角色实际上就是你的真实身份，而你的对手的身份实际上就是他的角色。你把自己置身于一场自欺欺人的扑克游戏中，认为别人都无法看穿你的心思，而你却能清楚地解读其他每一个人的所思所想。

你屈服于“不对称认知错觉”，这个充斥着奉承的、更多联系的、不间断的世界向你提供了越来越多的机会，让你通过这个错觉来面对并定义那些你感觉不属于你的群体中的人们。你的祖先很少与持相反观点的人接触，一般都是直接短兵相接，所以你的本能是认为任何不属于你群体的人都是错的，因为他不属于你的群体。只要接触对方一点点，尤其是在你被迫与之合作的情况下，就能缓解这种感觉。

心理学家史蒂文·斯罗曼（Steven Sloman）和市场营销专家菲尔·芬巴赫（Phil Fernbach）的研究表明，那些声称自己理解诸如限额与交易、统一税率等复杂政治话题的人，在没有谷歌帮助的情况下，当被要求提供详细解释时，往往会暴露出自己的无知。尽管争论双方的人都认为他们知道对方的立场，但当他们被要求打破僵局时，他们很快就会发现自己对争论的话题只有基本的了解。更奇怪的是，一旦这些研究中的受试者认识到这一点，他们的信念肯定会变得比较适度。狂热的行为减少了，狂热的反对行为被压制了。研究表明，只要更详细地解释你自己的观点，就会降低你的热情。然而，同样的研究表明，当受试者被要求证明他们在一个有争议的问题上的立场时，会产生相反的效果。正当的理由强化了世界观，而探索削弱了世界观。

16. 觉醒的错误归因

误解 | 你总是知道你为什么会有这种感觉。

真相 | 你产生了某种情绪状态，但却不知道为什么，即使你相信你可以找到源头。

这座桥位于不列颠哥伦比亚省，桥仍然又长又吓人，横跨卡皮拉诺峡谷（Capilano Canyon，温哥华地区的四大峡谷之一），只有勇敢的人才能穿过它。

如果把纽约的自由女神像连同底座一起放在吊桥下，这座桥刚好和自由女神像的铜肩膀相平齐。它吊在空中的部分大约有一个公园那么长。当你试着踏上它的时候，会感觉到它在风中摇摆，会听到它弯曲时发出的吱吱声。你很难把你的目光从230英尺（约70米）以下的岩石和咆哮的河水上挪开，这足以让你感觉你的胃里在翻江倒海，也足以让你瘫倒在地。并不是每个人都能成功地从吊桥上走过去。

1974年，心理学家阿特·阿伦（Arthur Aron）和唐纳德·达顿（Donald Dutton）雇用了一名女子站在这座悬索桥的中间。当男人们从她身边走过时，她便问他们是否愿意填写一份问卷。在提问之前，她要求他们先认真观看一幅插图，图片上有一个双手遮住脸的女子，然后编造一个背景故事来解释那个女子为何如此。然后，她告诉每个男人，如果他想在那天晚上给她打电话，她将非常乐意进一步讨论这项研究，然后撕下一张纸，写下她的电话号码，把它递给对方。

科学家们知道这些人心中的恐惧是无法忽视的，所以他们想知道沉浸在焦虑汁液中的大脑是如何理解刚刚发生的事情的。为了做到这一点，他们需要另一座不会让人产生恐惧感的桥作为对照，所以他们让那位女助手站在一座宽阔、坚固的木桥上进行同样的实验，这座木桥固定在离地面几英尺的地方。

在两个地点完成了实验后，科学家们比较了结果，发现在危险的悬索桥上拿到电话号码的人中，有50%的人打电话寻找大峡谷的那位女子。在安全桥上接受调查的男性中，打电话的比例降至12.5%。这还并不是唯一的显著差异。当他们比较受试者编造的关于插图的故事时，他们发现，在恐怖桥上的人想出性暗示故事的可能性几乎是另外那座桥上的男人的两倍。

这是怎么回事呢？第一座桥让男人变得轻浮，渴望跟一位女性面试官继续交谈，而第二座桥没有。要理解这个结果，你必须理解心理学家所说的“觉醒”一词（在前面的章节中我们将其称为“认知失调”），也必须知道人们在识别它的来源时多么容易犯错。错误的情感归因能够挽救恋爱关系，能创造出爱情的海市蜃楼，能让你做出既高尚又虚伪的行为，表现出既高尚又虚伪的态度。

从心理学上讲，“觉醒”并不局限于性情境，它会以多种方式出现在你的周围。你会有这样的感觉：心跳加速，注意力集中，手心出汗，口干舌燥，大口呼吸，然后是更大的叹息声。你的血管里就会有那种风驰电掣的感觉，风开始加速，雨开始倾盆而下。这是一种清醒的状态，比平时更加警觉和清醒，在这种状态下，你的大脑完全专注于当下。它不同于火灾警报把你从熟睡中惊醒时，你翻身下床的那种感觉。“觉醒”持续的时间更长，能够对你产生全面的影响。它逐渐增强，渐至饱和。觉醒来自大脑深处，来自自主神经系统的原始区域，那里监控着输入和输出的信号。在那里，巨大的“战斗或逃跑”按钮上的玻璃等着被打碎。你觉得自己就像一个勇士，在等待着看下一发炮弹会不会把你击中。你会觉得自己像是一个在舞台上表演的音乐家，舞台搭建在体育场上，观众席爆满。你觉得自己好像在听完一个强有力的演讲后，立马加入了围着篝火、击鼓唱歌的人群。你的眼睛瞬间湿润了。你既想哭又想笑。你感觉自己几乎要爆炸了。

桥上的男人们经历了这种高度清晰、恐惧、焦虑和恐惧的状态，当他们遇到一个有吸引力的女人时，这些感觉继续流入他们的内心和头脑，但源头被搞错了。那些情感究竟来自桥还是来自那个女人？她只是对我有意，还是只是对我好奇？她为什么选我？我的心在怦怦直跳，是她让我有这种感觉的吗？当阿伦和达顿用一位男助手（以及男性受试者）做了同样的桥梁实验时，这种不平衡的结果消失了。男人们不再认为交谈者是引起他们性欲的一个可能原因，或者，如果他们这样想了，他们也会抑制它。当他们在一座安全的桥上进行实验时，“觉醒的错误归因”也消失了。根本没有了兴奋的状态，因此也没有必要对它做出解释。凭直觉，阿伦和达顿决定把实验移到现实世界之外，从另一个角度入手，在实验室中解决这个难题。

在实验室的实验中，一些男大学生进入一个房间，里面摆满了看似科学仪器的电子设备。一位研究人员问这些学生是否看到另一个学生在附近徘徊。这些人说他们没有看到，科学家假装去寻找那个受试者，留下这些人在房间里阅读一份关于令人痛苦的“电击学习法”的材料。当科学家们觉得时间足够长时，他们请来了一位女演员，让她假装是一名自愿参加这项研究的学生。然后，这些男人挨着坐在女生旁边。科学家们向受试者解释说，他们中有的人很快就会遭到一种可怕的、能把人吓得屁滚尿流的空间战机射击（一款空战射击电子游戏，在此是指较强的电流冲击），而有的人只会感到“一阵轻微刺痛”。在这之后，研究人员抛硬币来决定谁会受到哪种程度的电击。其实这个实验并不是真的电击受试者，只是想吓唬吓唬那些男生。研究人员随后向受试者发放了一份问卷，这张问卷和上文中吊桥实验中的问卷一样，也要求受试者解释插图，同时再准备那台电刑机。

问卷要求那些男生对他们各自的焦虑和那个女学生（女演员）的魅力打分。正如科学家们猜测的那样，结果与吊桥实验的结果相符。那些预期会受到可怕的、痛苦的电击的男生给自己的焦虑和女性的吸引力明显高于那些预期会有轻微刺痛感的男生。当要求解释插图时，越是感到焦虑的男生，在描述中产生的性意象就越多。在这之后，研究人员询问了受试者的情况，并告诉他们不会遭受电击酷刑。

阿伦和达顿的研究表明，当你感到兴奋的时候，你产生的“觉醒”会自然地去寻找背景，去解释为什么你产生了鲜活的感觉。这种寻找意义的过程会自动地、不自觉地发生。无论你想到什么答案，都几乎不会受到质疑，因为你没有意识到你是在提问。就像大桥上的男人一样，你有时会为自己的感受编造一个理由，然后相信自己的叙述，继续前行。如果你在狂欢节上服用了培约特（peyote，一种迷幻剂），举着荧光棒，跟着巴松管（一种木管乐器）四重奏的节拍旋转飞舞的时候，就不难找出你扭曲的面孔和咧嘴大笑的原因了。

如果你在去一个幽暗的电影院看动作片之前，刚刚喝了一杯红牛，那么你的血液流动加速的原因就更加模糊。如果那部电影一点都不好看，你痛批了一番，而你无法确切地知道，这是因为你真的生气发火了，还是因为你喝了含有咖啡因的牛磺酸饮料。在很多情况下，你要么不知道，要么没有注意到是什么让你陷入了生理困境，你会错误地把原因归咎于你周围的环境。人是你最喜欢的解释，因为研究表明，当给你选择的时候，你更喜欢把其他人看作是你兴奋状态的来源。那些预期会触电的男学生错误地将他们脉搏加速的原因部分归因于他们身边的女人。阿伦和达顿的研究重点是恐惧和焦虑，但从那以后的几年里，研究表明，几乎任何一种情绪状态都可能被错误地解释，这引发了关于如何维系婚姻的重要发现。

2008年，心理学家詹姆斯·格雷厄姆（James Graham）进行了一项研究，以了解什么样的活动能让伴侣保持亲密关系。他让20对同居的夫妇在进行日常活动时随身携带数码设备。每当仪器发出蜂鸣信号时，他们就要用手机给研究人员发短信，告诉他们在做什么。然后他们会回答一些关于他们的情绪和他们对伴侣的感觉的问题。在经历了一千多个这样的“忙乱报告—内省—短信”的时刻后，格雷厄姆仔细查看了数据，发现那些经常作为同伴一起完成困难任务的夫妇，往往更喜欢彼此。在他的实验过程中，他发现，当他们的技能经常受到挑战时，他们往往会觉得彼此更亲密，更有吸引力，更爱对方。他认为，当你经历了令人沮丧的尝试，并最终取得成功时，你所获得的兴奋感（被格雷厄姆称为flow）与人际关系有直接的联系。他说，男女厮守在一起是不够的。你参与的各种活动才是至关重要的。格雷厄姆总结说，你是被驱使着去成长，去拓展，去增加你的能力和知识。当你通过将你的爱人或朋友的某些方面融入到你的技能、哲学和自我中来满足这种自我扩展的动机时，它比任何其他爱情之举更能加强你们之间的联系。这为“情感错误归因”打开了一扇门。如果你像研究中的那些受试者们一样，通过挑战而坚持下来——不管是自己重新装修厨房还是学习如何跳斗鸡舞——那种自己变得更聪明的容光焕发的感觉，那种轻快的自我膨胀感，将会部分被错误地归因于他人的存在。随着时间的推移，你会习惯性地认为这段爱情关系本身就是这些情绪的来源，你就不太可能想要切断与对方的联系。双方刚开始交往时，仅仅是学习如何与对方相处，如何理解他或她的非语言暗示、情绪波动和奇怪的食物喜好，这些都是一种自我扩展的练习。新鲜感会随着年龄的增长而逐渐减少，你也会习惯这种生活方式。爱情的联系似乎也被削弱了。要重新建立它，你需要逆境，哪怕是模拟的磨难。与红酒以及马文·盖伊（Marvin Gaye，美国黑人歌手）的歌相比，参加交际舞课程或者与朋友一起打迷你高尔夫更有可能让爱情之火持续燃烧。

你倾向于错误归因的觉醒的原因，也可能来自内心，尤其是当你质疑自己的道德立场时。1978年，马克·赞纳（Mark Zanna）和乔尔·库珀（Joel Cooper）给一组受试者服用了安慰剂。他们告诉一半服药的受试者，这种药会让他们感到放松，而告诉另外一半服药的人，这种药会让他们感到紧张。然后，受试者被要求写一篇文章，解释为什么言论自由应该被禁止。大多数人不愿意表达与他们的真实信仰相反的观点，他们感到很糟糕。当研究人员给所有参与者一个修改自己的文章的机会时，那些认为自己吃了镇定剂的人更有可能接受这个提议修改文章。以为自己服用了兴奋剂的受试者，以为自己的头脑发热是兴奋剂导致的，而不是他们自己的认知失调，所以他们觉得没有必要改变自己文章的立场。以为自己服用了镇定剂的受试者，找不到替罪羊，所以想重新写那篇文章，因为他们认为这样一来可以让他们安心，让他们的兴奋状态恢复正常。再一次，你可以看到认知失调，行为或思维方式似乎与你的信念背道而驰，以一种让人感觉糟糕的方式激起觉醒。赞纳和库珀的试验中的受试者都想缓解自己身体不舒适的感觉，但是只有那些认为自己服用了镇定剂的人能够指出自己精神不适的根源。相对来说，另一组受试者，他们以为自己服用了兴奋剂，就把不舒适感归结到假想的兴奋剂上面，而不是自己的负面情绪。

就像“本杰明·富兰克林效应”一样，“觉醒的错误归因”也属于“自我知觉”理论。这个理论认为你的态度是通过观察你自己的行为并试图给它做出解释而形成的。心理学的奠基人之一威廉·詹姆斯认为，当你回顾一件事情的时候，你常常会觉得好像是观众在试图理解你自己的动机。詹姆斯会说，如果你看到一只蟋蟀在你的胳膊上跳来跳去的时候，你会语无伦次地尖叫，后来你会认为你感受到了恐惧，所以你就开始相信你害怕蟋蟀。有的时候你不了解全部事实就妄下结论。你经常作为自己行为的观察者、思想的见证者，并在这些观察的基础上形成对自己的信念。为了探索这个问题，心理学家弗里茨·斯特拉克在1988年设计了一个简单的实验，他让实验对象在看连环漫画的时候，用门牙咬住一支铅笔。受试者往往觉得这样看漫画比把笔放在嘴唇之间的时候更有趣。铅笔放在门牙之间时，用来微笑的肌肉会收缩；当把笔放在嘴唇之间时，用于皱眉的肌肉收缩。他得出结论，受试者感到自己在微笑，于是他们在内心深处断定，他们看到的那本漫画非常有趣。当他们觉得自己在皱眉时，他们以为漫画很乏味。1980年，加里·威尔斯（Gary Wells）和理查德·佩蒂（Richard Petty）做了一个类似的实验。受试者被要求在听一位权威人士发表评论时，通过点头或摇头来测试耳机。果不其然，在后来的提问中，点头者比摇头者更倾向于同意演讲者的观点。

2003年，延斯·福斯特（Jens Forster）让志愿者们在食物名称出现在大屏幕上时对它们进行评级。有时食物名称上下移动，有时从一边滑向另一边，从而产生无意识的点头或摇头。就像在那项有学者参与的研究中一样，这项研究的参与者也倾向于说他们更喜欢那些让他们点头的食物，除非它们很恶心。在福斯特和其他类似的研究中，正面和负面的观点都被强化了，但是，例如一个人讨厌西蓝花，无论点多少次头都不会使他们改变自己的看法。

在你最意想不到的时候，你大脑中的空间就会被唤醒。它可以是一个振奋人心的电影预告片，也可以是一个遥远的人在YouTube上发出的求饶的声音。人类的祖先天生就会在重要的事情发生时集中注意力，就像一群警惕的草原犬，也像是有生命的潜望镜那样。但随着认知能力的发展，其模式识别方式会误解输入大脑的信息，因而往往很难发现或者根本不可能发现你的种种情绪状态。本应该关注的时候可能会被错过，各种细节也可能会被隐藏起来不被意识发现。在这种情况下，你的确感觉到了，却不知道为什么。当你发现自己处于这种情况下，你倾向于锁定一个目标，特别是如果有另一个人符合你即将讲述的故事，更是如此。你认为你自己找到了让你感到快乐、让你感觉被排挤、让你生气或者让你得相思病时的原因，你会感觉很好。这种感觉有助于你继续前进。那为什么还要去质疑它呢？

关于“觉醒”的研究表明：你不善于向自己解释自己，但这揭示了一种现象：为什么有那么多成功的约会，包括坐过山车、看恐怖电影和喝咖啡聊天。好玩的摔跤可以导致激情的亲吻，一个好朋友可以把痛哭变成捧腹大笑，这是有原因的。奋斗使你更接近朋友、家人和爱人，这是有原因的。在家乐氏脆米花的广告片中，妈妈用黑白两色的脆米条招待客人，以色列・卡马卡威沃尔唱着《在彩虹之上》招待客人，这是有原因的。当你想知道为什么你会有这种感觉，但却得不到正确答案时，你不会停止搜索。你把注意力集中在某件事上——你身边的人，你面前的产品，你大脑里的药物。你并不总是知道正确的答案，但是千万不要以为，你一边喝着拿铁咖啡，一边调情，就能找到正确的答案。

17. 事后归因谬误

误解 | 当因果不一致时，你能够注意到。

真相 | 你会相信一系列难以置信、毫无意义的事情。

你会发现有一段时间，几乎所有的热门体育运动的著名职业运动员都带着手环。从大卫·贝克汉姆（David Beckham）到沙奎尔·奥尼尔（Shaquille O'neal），从美国职业橄榄球锦标赛（Super Bowl）到世界职业棒球大赛（World Series），黑色硅胶做成的带全息芯片的手环到处可见。尽管他们的产品非常火爆，但其生产公司却因为生产了“霸能平衡手环”，在2011年11月申请破产。

霸能公司对外宣称这种硅胶手环有很多的疗效。根据其官方网站信息，此手环能让佩戴者体力充沛，能够加快大脑速度，加快肌肉动作，增大肺活量，提高身体灵活性，而且还可以如手环名称所显示的那样，改善佩戴者的平衡感。这家公司因此大赚了一笔。这种神奇的手环曾在30多个国家均有销售。2011年，该公司的一位发言人对美联社说：他估计当年的销售额为3400万美元。2011年3月，该公司用赚到的钱把加利福尼亚州的阿科球馆改建为霸能球馆。后来，他们与NBA（美国职业篮球赛）达成协议，在该公司的手环上印上每一支球队的标识。因此，这家公司在破产的时候没有出现任何财务问题。事实上，这种手环的火爆程度达到了巅峰。美国前总统比尔·克林顿曾被拍到佩戴此种手环，而罗伯特·德尼罗、杰拉德·巴特勒，以及你的所有伯伯叔叔们也会佩戴着手环留念，当然这些叔伯们比起打高尔夫更喜欢谈论高尔夫球。据美联社报道，2011年，菲尼克斯太阳队教练们对着这种小手环宣誓；据估计，在印第安纳波利斯市圣文森特运动性能中心，这个数百名专业运动员曾经训练的场所，约有三分之一的客户工作时戴着那种手环。从2007年到2012年，来自各行各业的人们，从常春藤盟校大学、中学，再从演员到足球运动员到政治家，数以百万计的人支付了30美元购买这种神奇的护身符，并自豪地在公众面前展示，以期如霸能公司承诺的那样，增强他们的自然能量场，产生共鸣的全息图，增进体育运动能力——可能有些人都弄不清这些说法具体含义是什么。

澳大利亚的一家法院裁定霸能公司故意欺骗公众的罪名成立后，该公司因欺诈消费者缴纳了6700万美元的罚金。若不是如此，该公司还会继续发展壮大。爱管闲事的科学家们说，导致这些问题的原因在于，该公司生成的每一种说法都是彻头彻尾的、绝对的、显而易见的假话——这些手环的功用，其实跟杂货店自动售卖机出售的糖果项链并无差异。在法院做出裁决后不久，霸能有限责任公司发表了一份声明，其中这样写道："我们承认，没有可信的科学证据支持我们的说法，因此我们的行为属于误导。"然后他们根据《破产法》第十一章内容申请破产保护。你如今仍然会不时看到这种手环，其是加油站收银台处可以免费获得这种手环的仿制品，但在一些国家，这种手环已经越来越少了，而是以一种新的形式让其再次名声大震，并且获得了许多名人的认可。

即使这家公司最终倒闭了，不用多久，另外一些人还是会开始出售魔法珠宝和其他神秘的垃圾。诸如此类的产品一直存在——磁性护身符、顺势疗法精华、减肥耳夹、内装小弹簧的运动鞋等，无处不在。潜在的利润总是存在的，等待着聪明的营销人员来破解现代人头脑中那些古老的轻信密码。那么，这些东西为什么会对你产生影响呢？为什么你含辛茹苦挣来的钱能如此轻易地进入小贩的口袋？其根源是一种被称为"事后归因谬误"的神奇思维方式。几个世纪以来，当你沐浴在安慰剂效应的余晖中时，"事后归因谬误"误导你的方式让骗子们大发横财。

运动员似乎特别能被魔法思维打动。美国国家冰球联盟（NHL）瑞典守门员佩尔·林德伯格（Pelle Lindbergh，1959—1985）每场比赛都在护垫下穿同一件的橙色球衣。他从来没有洗过那件球衣，几年下来，球衣已经磨破了，他就把它缝好再继续穿。网球明星戈兰·伊万尼塞维奇（Goran Ivanisevic）在取得一场胜利之后，在此次比赛时会尽力重复他在上次取胜的每一个动作，甚至重复使用上次使用的餐具，吃他上次吃过的饭菜。他在自己的博客上写道，他期待锦标赛的结束，因为这意味着他"终于可以吃点别的了"。"吃鸡肉的人"韦德·博格斯（Wade Boggs）被公认为是棒球场上最佳球员之一。之所以被如此命名，是因为他坚持在每场比赛之前都要吃鸡肉。他对数字17也非常着迷，5点17分开始练习击球，7点17分开始训练冲刺。有一次，博格斯发挥不好，当广播员向公众播报他名字的时候，忘记报他的号码。随之，他的状态又回来了。从此，他要求广播员在比赛之前不要提及他的号码。一位传记作家写道，博格斯的整个人生就是由这些例行公事的事件组成的。他的生活非常有规律，如同时钟一般，他把所有的事情都程式化，以便记录自己的运动成绩。通过不懈和机械般的努力，博格斯看到他的成绩逐渐变得可以衡量，可以比较了。体育运动可以做到这一点，能够使得球员和球迷成为具有统计学意义的神经官能症患者，其对人的强迫性大大超过了《龙与地下城》里任何大师所能达到的程度。正是对量化的生活方式的这种热爱，使得如此多的运动员接受了神奇的信念。如果他们看了数据并看到了改善，便会怀疑取得先前成绩前所做的一切。取得好成绩之前所做的一切，都被认为是值得重复的日常程式和行为，这就是典型的“事后归因谬误”。在每个人的脑袋里，都存在一种无法控制的滴答声，其历史要比那些和史前石器时代的穴居人以及古埃及的法老们埋葬在一起的最古老的幸运符还要久远。

“post hoc”这个词来自拉丁语短语“post hoc ergo propter hoc”，意为“在此之后，所以因此”。当一件事接着另一件事发生时，你脑海里会自然而然地浮现出这样的因果假设。你可能没有意识到这种思路对人类意识的日常运作起到了多么根本的作用。有按钮操作的设备会给人一种直观的感觉，因为你天生倾向于以一种线性的、后特定的方式思考。你按了门铃后便听到门铃响了。你按了电梯按钮，便看到按钮灯亮了。你触摸屏幕，应用程序就能激活。你按下自动售货机上的按钮，一杯饮料哗啦啦从斜槽上滑下来。你按下按钮，便得到了一生的回报。这是最简单的条件反射——就像一只小白鼠按下杠杆便能够得到一粒食物一样。在你按下按钮的那一刻到你得到预期结果的那一刻之间，可能会发生某种看不见的魔力。如果你不打开自动售货机看看它是如何工作的，你永远都无法真正知道软饮料到底是如何出现的。也许自动售货机里面有一个人把那罐汽水推出来，放进了斜槽里。也许有一台摄像机在监视着这台机器，由某个遥远的控制室里的人操纵机器来向你分发汽水。你对此一无所知。只要你按下按钮后得到你想要的结果，中间如何运作的是无关紧要的。以后，你也许会按下更多的按钮，但不会停下来想想结果如何。孩子们往电源插座里塞一分钱会遭到电击，在这次不愉快的经历后，他们会自动避开电源插座，根本不需要给他们上一堂关于电的发现、电的危险、如何使用电的复杂课程。不必向被电击的儿童解释完成一个正常运行的电网所需要的经济过程和工业过程。不管你懂不懂电磁学，无论你是否相信电的存在，都能从电击这一经历中学会一些东西。大多数动物从未考虑过行动和结果之间发生的事情的真相，它们也无须担心。如果你的刚学会走路的孩子碰到墙壁上的电源插座被弹了出去，你一直向他解释墙壁上的林肯侧面像为什么会烧到她的大拇指，你大可放心，他之后不会再那么做了，因为进化的大脑会说“在此之后，所以因此”，还会说“我再也不那样做了”。

因为你容易犯“事后归因谬误”，所以你便养成了这样一种思维习惯：当一个事件接着另一个事件发生时，这两个事件一定是相关的，而第二个事件是由第一个事件引起的，或者至少是受第一个事件的影响。正因为如此，“事后归因谬误”成为非理性思维的核心。“事后归因谬误”是所有不准确的、非科学的、神秘的、神话的和迷信的事物的教母。这种思维方式会把你带入黑暗的深渊，因为各种认知识别模式，尤其是“倘若如此，那么就会”的认知模式，对指导生活起着至关重要的作用。只是你不太善于发现这种思维方式的愚蠢性，而且通常都是如此。例如，大多数感冒只持续七天，所以无论你采取什么样的治疗方式，都只能舒缓感冒症状。尽管如此，各种各样的家庭疗法和非处方药物，也许更符合你的心意，因为你相信这些治疗方法和药物能够治疗感冒，可事实是即使你不采取这些措施，感冒也会好。你所处的文化中，可能会在每年的同一时间用跳舞的方式来祈雨，让你们的收成长得高大茂盛，但这并不意味着你们的舞蹈与农作物的生长有任何关系。你的球队可能会在每场比赛前聚集在一起，虔诚祈祷，但这并不意味着你赢得了全国冠军是因为你们说服了一个无所不知的神明，赐予你们球队力量，去战胜那些来自异教的足球队员。这个结论的益处不言自明，但是这种思维方式仍然错误百出。在大多数情况下，犯错误仍然是最好的选择，这就是整个人类的“出厂设置”。

与其他谬误不同的是，事后归因思维背后有一种特殊的生物推力，是一个非常古怪的生理学遁词，被称为“安慰剂效应”。你可能听说过安慰剂。这个术语曾被用来形容所有的民间偏方，例如吃蜘蛛网可以用来治疗头痛，或者喝下掺有糖的温热威士忌来治疗由于流感引起的身体疼痛。这个术语后来指的是任何一种让病人快乐而不是病愈的治疗方法。1955年，医生兼社会活动家亨利·比彻（Henry K. Beecher）在他的论文《强大的安慰剂》中给出了安慰剂的现代定义。比彻认为，把药物实验纳入研究和鉴别安慰剂的“双盲法”，这样才能根据伪药鉴别出新药和新方法。在一项“双盲法”的研究中，研究人员和受试者都不知道哪种治疗是安慰剂，也不知道哪种是真药。这种方法奏效了。科学界和医学界都注意到了这一点，自从那篇论文发表之后，安慰剂就成了热门的研究对象，并成为药物研究中不可或缺的一部分。多年来，许多治疗方法都被证明不比安慰剂好多少，而我们已经了解到，安慰剂是目前已知的最强的精神异常表现之一。

令人不安的是，安慰剂效应非常容易产生，你可能每天都能体验到它。无论何时，只要你想要事情按照你所希望的方式进行，有时候，仅仅是信念就能改变你的感知。2009年，几位德国研究者告诉受试者，要在他们在手臂上涂抹一种麻醉剂，但事实上这种麻醉剂是假的。然后，他们在受试者涂了“麻醉剂”的手臂上施加令人疼痛的灼热。由于安慰剂效应的作用，受试者报告说，他们感到预期疼痛减轻的部位真的不那么疼痛了，尽管这种药膏并没有真正消除疼痛的功效。更疯狂的是，通过脑部扫描，科学家们可以清楚地看到，研究对象的反应就好像他们真的减轻了疼痛。不知何故，受试者只是相信大脑中的信号能够被阻断，他们身体的疼痛也会被阻断。2010年，哈佛大学的研究人员给患者服用安慰剂，以缓解肠易激综合征。然而，在这项研究中有一个转折点：研究人员事先告诉受试者他们正在服用的药是假的。令人奇怪的是，服用了假药的受试者明明知道药不是真的，却都报告说症状得到了缓解，其人数是未服用假药的人的两倍。研究人员得出的结论是，去找医生看病并把自己的健康托付给医生的行为，这种常规做法本身就产生了安慰剂效应。

“事后归因谬误”和“安慰剂效应”经常同时出现。于是他们共同创造了各种各样的有趣现象。我最感兴趣的是人们一直在运用无效机制，这种机制被称为“安慰剂按钮”，它们无处不在。其运作原理就是“在此之后，所以因此”。自《美国残疾人法》颁布以来，美国许多电梯的关闭按钮就不起作用了，这个按钮是为工作人员和紧急情况处理人员预备的，只有用钥匙才能启用它。不管你是否按下按钮，电梯门最终都会关上。但如果你真的按下了这个按钮，随后两扇门就会合在一起，你的大脑里就会迸发出一股小小的快乐刺激。你的行为于是被强化了，你以后会一直按下那个按钮。根据《纽约时报》2004年的一项调查，纽约市很久以前就停用了行人手动控制的交通信号灯，但是，“在3250个步行按钮中，有2500多个还在发挥着作用，而其实只是起到机械安慰剂的作用”。在大多数十字路口，控制交通信号灯的是计算机和计时器，但在过去，人行横道上的小按钮可以让人们改变交通信号灯的信号。更换或移除所有这些按钮的任务非常繁重，因此大多数城市就把这些按钮留在那里。不过，你仍然可以去按下它们，而交通信号灯的信号最终都会发生改变。你没有时间对交通信号进行双盲研究，所以在事后分析出错后，“安慰剂效应”就会取而代之。美国广播公司新闻网（ABC News）2010年的一项调查显示，在得克萨斯州的奥斯汀市、佛罗里达州的盖恩斯维尔市，以及纽约州的锡拉丘兹市只有一个人行横道按钮可以正常工作。

安慰剂效应无处不在。在许多办公室和小隔间里，墙上的自动恒温器没有连接任何东西。几十年来，房东、工程师和暖通空调专家都安装了虚拟恒温器，以防止人们通过不断调整温度导致公司成本增加。根据《华尔街日报》2003年的一篇文章，一位暖通专业人士推测，90%的办公室自动空调恒温器都是假的。为了模拟转动调温按钮后的效果，有些公司甚至安装上了噪声发生器。根据2003年《空调、加热器与冰箱新闻》的一项调查，72%的受访者承认安装了假的自动恒温器。

当然，安慰剂效应也有其局限性。没有医生会从积极的角度思考实际的治疗，但积极的治疗却是真实的，并且是可衡量的。期望和信念能够强有力地改变你对现实的感知，以至于你的身体可以无意识地改变其反应来匹配这种感知的变化。因此，当你期待你所信任的无法产生效果时，安慰剂效应就会出现，这应该不足为奇。从银杏叶到小麦草，从脊椎指压治疗到针灸疗法，几乎没有科学证据证明大多数膳食补充剂和替代疗法的疗效。然而，揭穿真相几乎无法减少它们的负面影响，也无法减少各式各样的神秘药物的销量。各种各样的替代药物和神秘物品继续在网上和各大百货商店出售，而根除这些毫无意义的疗法之所以如此困难，部分原因是它们确实能让人们在某种程度上感觉更好。就科学而言，“魔力手环”不可能缓解关节炎的疼痛或改善血液流动，但在临床试验中，那些认为“魔力手环”有效的人们，在佩戴上手环后通常会感觉更好。这里的关键词是“感觉更好”。“当你戴上这些有神奇魔力的小玩意，或拜访这些伪科学或神秘的另类医学从业者时，重要的是要记住，你的信念决定着一切。”这些物品和治疗方法只是为了产生一种特殊的“事后文饰”——在戴上这个手环之后，所以因此我戴了这个手环。

在某种程度上，你可以把科学方法看作是对抗“事后归因谬误”的一种必要的发明。没有科学方法，便很难说明是什么原因真正导致了你想要看到的结果再次出现，或者导致了哪些结果永远不再出现。历史上的重大事件不能用这种方式来分析，要不就太糟糕了。你永远不知道任何决定是否正确，无论是你自己的决定，还是亚历山大大帝（Alexander the Great）或哈里·杜鲁门（Harry Truman）的决定。我们得到的只是结果，知道“在此之后”不一定是因为这个。值得庆幸的是，一些事件和影响还是可以研究的。由于“霸能平衡手环”的蠢事人人皆知，科学在揭发“安慰剂首饰”问题上就有了一定的发言权。2010年，威尔士大学（University of Wales）的研究人员让受试者戴上眼罩，有的受试者戴上假手环，有的受试者戴上“霸能平衡手环”参加一系列体能测试。他们没有发现两者之间的区别。此外，在2011年，澳大利亚墨尔本皇家理工学院（RMIT）的研究人员让一些受试者戴上全息功能完好的“霸能平衡手环”，让另一些受试者戴上金属手镯，然后让这些受试者进行一系列体能测试，这其中也包括平衡能力测试。结果发现，这两种东西的效果也相差无几。

我们不太可能摆脱这些东西。2010年，德国科隆大学的心理学家莱萨妮·达米什（Lysann Damischin）把一个高尔夫球给了一半的实验对象，她解释说这个球是一枚“幸运球”，而她把另一个高尔夫球给了另一半实验对象，并告诉他们，这是个普通的球。拿到幸运球的试验对象击球入洞的成功率比持有普通球的试验组高出了35%。当然，幸运球其实并不能真的带来好运。她随机指定了哪个是幸运球，她用抛硬币的方式，决定了哪个球有魔力，哪个是普通球。然而，幸运球这种信念产生了影响。她推测，幸运球使击球者相信他们更能控制局面，使他们更有毅力，降低了他们的焦虑，而所有这些都增强了他们的信心，从而提高了他们的表现。那些手环也是如此。赛车手、举重运动员和公众演讲者注意到佩戴“霸能平衡手环”，他们的表现有所改善，罪魁祸首可能是安慰剂效应。如果佩戴者保持同样的手环效果信念，他们本可以用一根细绳替换手环，并获得同样的现实效果。由于“事后归因谬误”，即使他们后来注意到了某种差异，他们也不会认为是自己的思维导致了这些变化。相反，他们寻找到一个导致结果的更为明显的原因：全息臂带的作用。

那么，问问你自己：冥想、治疗或者你的期望，尤其是那些不是医生向你提供的东西，能否让你感觉更好？仅仅因为你的家人几个世纪以来一直用冷冻生菜来治疗乳头疼痛，并不意味着生菜是治疗乳头疼痛的重要成分。某位按摩师来自中国，并不意味着她可以用拔罐的方式去除你身上的鞭痕。正如喜剧演员蒂姆·明钦在他的歌曲《风暴》中所说的那样，“你知道人们所谓的已经被证明有效的替代药物是什么吗？它就是药”。再问问你自己，你是否像别人相信幸运石一样信任某些东西或者程式。准备好接受这样一个事实：当你正在思念某人时，正好接到了他或她的信息或者电话，而这并不是魔法的作用。如果你不想表现得那么愚蠢，你应该记住：你的事后归因倾向，以及安慰剂效应的组合排列都会影响你的洞察力。一件事情发生在另一件事情之后，这并不能证明什么。魔法护身符是不存在的，即使它们存在，想想开立一个满是巫师的工厂费用是多么的昂贵，巫师们不仅要制作出足够多的魔法护身符，还要分发到世界各地。

致谢

如果没有我妻子阿曼达（Amanda）的支持，这本书是不可能出版的。她日复一日地和我坐在一起讨论这本书里所做的那些研究。那些对话，那些交谈让我知道：可以将这些话题汇集起来，用有趣的方式讲述关于人类思维的有趣故事。在我写作的时候，她一直帮我搜集资料，是她让我亲朋好友确信，我最终会走出写作室，和他们一起喝一杯。非常感谢我的妻子。

谢谢你，艾琳·马龙（Erin Malone）。感谢你一如既往地支持我。谢谢你让我走进了一个写作的生活氛围，在这本书还是杂乱无章的博客文时，你就坚信它能最后汇集成书。你打开了所有我以为永远锁着的门。你是个好心人。

帕特里克·穆里根（Patrick Mulligan），你是一位了不起的编辑。你不仅让我去读大卫·福斯特·华莱士和哈罗德·布鲁姆的书，而且在我搞混了百兽王（Voltron，在第17章提及）的敌人后及时纠正了我的错误。你给了我极大的鼓励，你很快就明白了我的想法，并确信我是可以最终完成。谢谢你为之付出的努力。

杰西卡·辛德勒（Jessica Sindler），我另一位出色的编辑，你在编辑的时候收到了一封奇怪的邮件，谢谢你的理解。在我提交最后书稿的前一天，一场龙卷风摧毁了我们的房子。我在Dropbox里找到了保存了的一份手稿。一分钟后，我和妻子来到走廊的地板上。这句话是在从云端找到手稿并在亲戚家里的笔记本电脑上完成书稿之后写的。

我给杰西卡发了邮件，她把最后交稿期限推迟了。再一次想你表示感谢。我们俩现在都有一个很棒的故事可以讲述了。

詹娜·多兰（Jenna Doran），谢谢你纠正我的语法错误并问我为什么做了这么多蠢事。由于你的努力，这本书变得好多了。

当然，我能写这些感谢信的真正原因是我的父母。杰里和伊夫林，感谢你们让一个独生子女有幸对成人世界浑然不知，然后在他最后开口时，才告诉他关于那个世界的真相。

在美国南方腹地长大，你会遇到许多土生土长的哲学家和不愿呆在家里或扶手椅上的心理学家。在每一个加油站，每一个餐馆，每一次喝咖啡的休息时间，他们都会站在你周围展开他们的高谈阔论。有这么一个卡车加油站，我曾在那里买过很多次早餐，里面有个老人坐在破旧的快餐桌旁一边嚼着饼干，一边抱怨着政客。不久前，有人在加油站的头顶上悬挂了一块牌子，上面写着：猎人、渔夫和其他骗子聚集在此。这是真的。他们在木制标牌上用工厂生产的火焰雕刻字母来宣告这一点，这对我来说是件宝贵的事情。南方人喜欢胡扯，可以说他们是胡扯的高手。这是南方人在远离家乡旅行时注意到的第一件事情。北方人似乎没有意识到他们自己在胡扯方面表现得有多么糟糕。

一个受过良好教育的南方人，以其娴熟的口才和像芭蕾舞演员一样讲故事的本领，令人惊叹。一个博览群书、见多识广、来自深山老林的男人或女人，能像其他人一样看穿存在的荒谬。他们有自己的行事方式，走自己的路。一旦你遇到了这样的一些人，你就会忍不住想要体验一下他们的魅力。你会知道你在什么时候遇到真正的天才，因为你永远渴望他们的超然的天才。

我有幸成为这样一个人的学生。

他住在密西西比州的琼斯县。他会驾驶飞机，拍摄婚礼照片，他会在办公桌前演奏齐柏林飞艇（Led Zeppelin）乐队的曲子，书桌周围摆放着来自世界各地的宗教艺术品。他努力学习，成为一名浑身充满了火药味的传教士，最后成为一名哲学教授，以其巧妙地言辞，从农民、卡车司机的孩子们，以及其他几代靠谷物和家务长大的孩子们的脑袋里，驱除一些愚蠢的想法。他的名字叫罗兰·毕晓普（Roland Bishop），我永远不会像他那样成为人中翘楚。

他虔诚于宗教吗？我认为是这样的，但他也欢迎克里斯托弗·希钦斯（美籍作家、哲学家、辩论家、无神论者）来到校园，这样希钦斯就可以在“敌方”领土的深处发表演讲。他喜欢伊曼努尔·康德和伯特兰·罗素吗？我想是的，但是当他带我和我的妻子去参加一个哲学会议时，却提前离开了，这样我们就可以去密西西比哥伦布的一个有点唱机的小酒吧，聆听真正的蓝调音乐。

毕晓普教授给我上了我人生的第一堂哲学课。和我成长的地方的大多数人一样，在高中时我们没有开设这样的课。这是我第一次听说柏拉图的洞穴和苏格拉底之死。这绝对是我第一次听到有人问这样的问题：一群人自由意志是真实的还是只是一厢情愿的想法。

毕晓普教授每上完一节课，都会有十几个学生摇着头，对教授所讲的内容提出质疑。他站在那里，留着银碗式的短发，脸上挂着天真的笑容，沉浸在无知的提问之中。他享受这样的时光。他喜欢成为第一个动摇大多数南方人从不质疑的信念的人。对于大多数上过毕晓普这门课的人来说，这是他们接触哲学的唯一机会，而毕晓普也知道这一点。我希望你能一直在那里，他让虔诚的浸信会教友们倒抽一口气，让恪守教义的身着蓝色牛仔裙五旬节派教徒们局促不安。他可能会问，“如果上帝无所不能，无所不知，他为什么允许邪恶的存在？”“你怎么知道你不只是一个装着大脑的罐子？”你可以想象出答案。

于是，毕晓普开始讲解被很多高雅的人士所忽略的观点。他的学生因此而喜欢他，因为他没有指责他们被教条、传统或迷信所束缚。他只是鼓励他们用好奇心取代确定性。那些最初被他的断言所震惊的人最渴望再返回到他的课堂。

毕晓普让我相信，这个世界比我想象的要大得多，而我自己比我想象的要小得多。谢谢你，罗纳德·毕晓普。你向我展示了一种更好的方式，让我既能固执己见，又不会变成多愁善感的人。这本书之所以成为可能，是因为你受过良好的教育，才华横溢，但你知道自己并不那么聪明，这让我明白了一个事实：我其实也没有那么聪明。